全国高等农林院校规划教材

畜 牧 工 程 学

黄涛　主编

中国农业科学技术出版社

图书在版编目（CIP）数据

畜牧工程学/黄涛主编. —北京：中国农业科学技术
出版社，2007.3
ISBN 978 - 7 - 80233 - 210 - 2

Ⅰ. 畜…　Ⅱ. 黄…　Ⅲ. 畜牧学 - 高等学校 - 教材
Ⅳ. S81

中国版本图书馆 CIP 数据核字（2007）第 024943 号

责任编辑：杜　洪
责任校对：贾晓红　康苗苗
出 版 者：中国农业科学技术出版社
　　　　　北京市中关村南大街 12 号　邮编：100081
　　　　　电话：（010）62145303　传真：62189012
发 行 者：中国农业科学技术出版社
　　　　　北京市中关村南大街 12 号　邮编：100081
经 销 者：新华书店北京发行所
印 刷 者：北京雅艺彩印有限公司
开　　本：850mm×1168mm　1/32
印　　张：8.375
字　　数：220 千字
版　　次：2007 年 3 月第 1 版
印　　次：2007 年 3 月第 1 次印刷
印　　数：1～2 300 册
定　　价：26.00 元

◄━━◄ 版权所有·翻印必究 ►━━►

主　编：黄　涛（辽宁医学院动物科学技术学院）

副主编：吴　颖（辽宁医学院动物科学技术学院）

　　　　王　芬（辽宁医学院动物科学技术学院）

　　　　刘进辉（辽宁省农业经济学校）

编写人员：李万君（辽宁医学院动物科学技术学院）

　　　　黄艳丽（辽宁医学院成人教育学院）

　　　　潘　峰（辽宁医学院成人教育学院）

简　　介

　　畜牧工程学是改善畜牧生产手段、建筑设施和生态环境的各种工程技术、工程管理和工程理论的总称。畜牧工程学是研究畜禽饲养工艺、畜禽舍建筑、畜禽饲养机械设备、畜禽舍内外环境控制等的一门综合性学科，是农业工程学的一个重要分支。

　　畜牧工程技术在现代畜牧生产中发挥着重要作用，采用适用的畜牧工程技术，可以极大地提高劳动生产率，减轻劳动强度，改善畜禽的生产环境，提高畜产品的产量和质量，更好地为现代畜牧业发展服务。

　　国内外畜牧工程技术发展的变化很快，本书主要介绍适合当前畜牧生产现状的饲料加工机械、畜禽饲养管理机械设备、畜产品采集机械、畜禽舍基本结构与环境控制等方面的内容。

　　本书适合高等学校本科、高职高专等相关专业的学生和生产现场的畜牧兽医人员作为参考资料。

前　言

当今畜牧工程实践证明，随着电子计算机更为广泛应用和信息技术革命向畜牧工程领域内渗透，必将对畜牧工程理论研究与技术开发提出新的课题和更高的要求。所以，展望今后发展，畜牧工程必将成为一个由包括生物工程、机械工程和建筑工程等各个领域内的相关学科互相渗透，综合发展成为一个新的学科——畜牧工程学。

本书是在各级领导的支持下，经过多位有丰富实践经验和教学经验的老师积累的各种资料进行整理，介绍适合当前现代畜牧业生产实际的畜牧工程技术和设备，为畜牧生产提供相关的技术支持。

黄涛编写绪论、第二章、第三章，吴颖编写第一章，王芬编写第四章，刘进辉编写第三章第四节与实验实习一、二、三，黄艳丽编写实验实习四，潘峰编写实验实习五，李万君编写实验实习六。本书在编写过程中，得到王立权、席克奇、周海英老师的热情帮助，特表谢意！

由于编者教学任务多，工作繁忙，对专业方面的理解、认识水平有限，书中会有不同的观点和错误，请读者见谅，并提出批评意见。

编者

2007.1

前　言

目　录

绪 论

畜牧工程学是改善畜牧生产手段、建筑设施和生态环境的各种工程技术、工程管理和工程理论的总称。畜牧工程学是研究畜禽饲养工艺、畜禽舍建筑、畜禽饲养机械设备、畜禽舍内外环境控制等的一门综合性学科，是农业工程的一个重要分支。

畜牧工程技术与畜牧业现代化的关系：畜牧业现代化，包括畜禽品种优良化、动物饲料营养化、疾病防治科学化、饲养管理规范化和畜牧工程技术现代化，畜牧业现代化必须用现代化的畜牧工程技术进行武装，才能更好地适应现代畜牧业的发展。

畜牧工程技术在畜牧业生产中的重要作用是提高劳动生产率，减轻劳动强度；改善畜禽的饲养环境，提高畜产品的产量和质量；规范畜禽饲养工艺；节约土地和减少资源浪费；扩大饲养规模；促进畜牧业向规模化、规范化、机械化、现代化方向转变。

当今畜牧工程实践证明，随着电子计算机的广泛应用和信息技术革命向畜牧工程领域内渗透，必将对畜牧工程理论研究与技术开发提出新的课题和更高的要求，所以展望今后发展，畜牧工程必将成为一个由包括生物工程、机械工程和建筑工程等各个领域内的相关学科互相渗透，综合发展成为一个新的学科——畜牧工程学。

一、我国畜牧工程技术产业化的现状

我国畜牧工程技术的现状，经过 20 多年的发展，在畜禽饲养工艺与饲养管理机械设备方面：

(1) 蛋鸡笼养设施与饲养工艺发展得很好；

(2) 蛋种鸡笼养与人工授精技术得到普及；

(3) 肉种鸡笼养与人工授精技术得到推广；

（4）猪的规模化圈养工艺与设施正在普及；

（5）北方大棚养猪工艺和技术得到推广；

（6）奶牛全混合日粮饲喂技术和集中挤奶方式得到推广与应用；

（7）饲料加工机械大中小齐全配套合理；

（8）从禽类孵化、育雏、饲养管理中的喂料、饮水、清粪、灯光控制、通风换气、集蛋等都有相应配套的机械设备。

畜牧工程技术具体体现在以下几个方面：

（一）畜禽舍建筑

从过去主要参考工业与民用建筑规范设计建造的砖混结构畜舍，到研究开发并推广了具有中国特色的简易节能开放型畜禽舍、大棚式畜禽舍、拱板结构畜禽舍、复合聚苯板组装式拱形畜禽舍等多种建筑形式。近年来，在综合了传统的密闭式和开放式畜舍各自的特点后，研究开发了开放型可封闭畜舍和采用屋顶自然采光的大型连栋鸡舍等新型畜禽舍建筑形式。

自20世纪70年代末以来，我国的规模化畜禽养殖业取得了举世瞩目的成就，各地相继建起了一大批大中型工厂化畜禽养殖场。这里面除与畜禽品种、饲料科技、兽医防疫技术进步有关外，与畜牧工程技术发展也是分不开的。20多年来，我国的畜牧工程科技人员对畜禽场的建筑，通风、降温、加温及其自动控制、废弃物处理与利用等环境工程技术及配套设备进行了大量的研究与开发，推动了规模化畜牧生产水平的不断提高，成绩显著。

以畜牧工程领域的畜禽场规划设计为例，其发展过程是先引用工业技术，而后根据畜牧生产需要，经过科研单位，大专院校等专业机构与从事农业工程设备制造及工程建设有关企业共同进行实验研究，开发试制，并不断总结民间大量实际经验，逐步形成畜牧工程学科的理论体系和配套的应用技术。通过这阶段畜牧工程项目建设和运行实践证实，完全照搬欧美发达国家的畜禽场建设标准和规范，成套引进其设备与设施产品这条路不符合我国畜牧业发展国情，20世纪80年代引进的许多密闭式工厂化养猪场、养鸡场都已被自行改造了。经过市场淘汰，保留下来的绝大多数还是我国自己设计建造的畜禽场建筑设施。

从1992年起农业部就组织人力着手编制我国的工厂化养鸡场、养猪场建设标准，1999年正式颁布了我国第一份有关畜禽场建设的国家标准。1994年起在引进消化吸收国外设备的基础上，先后开发研制出反刍动物用全自动饲料搅拌车，智能化全自动粪肥连续发酵设备等畜牧工程专用设备，并形成产业化生产。随着新型建材工业发展，1995年我国第一个经过正式设计建造的彩色复合保温钢板轻型结构装配式养猪场正式建成投产。随着改革开放进程，许许多多涉及畜牧工程领域的各种经济组织形式的国家、集体、民营的科研机构以及国内合资、独资的设备制造企业和厂商，如雨后春笋般迅速发展壮大，尤其进入21世纪，我国狠抓农牧业可持续发展，保护生态环境，生产无公害食品，保证食品安全等落实工作，这又给畜牧工程提出了更高的新要求，涉及农牧业食品安全，生产无公害食品的方方面面，如对畜禽饮用水、畜禽场环境卫生质量、养殖业污染物排放标准及饲养管理规程，饲料生产加工与使用，兽药生产与使用等现在都有农业部行业标准可作为技术依据。到2004年农业部又审查批准了有关种牛、猪、鸡养殖场建设的行业标准。许多畜牧工程企业进一步和大专院校和科研单位紧密联合，走出了一批从事畜禽场建设工程的规划设计，设备制造，现场施工安装一体化的专业公司，这又大大缩短了我国畜牧工程从科研成果到生产应用的距离，有些新技术新产品，一经开发出来，马上就推向市场，加之近几年随着畜牧业发展，畜牧工程领域人员和技术力量的不断发展壮大，国内外技术交流活动也十分频繁，这些都有力推动了我国畜牧工程科学理论和应用技术的快速发展。

（二）畜禽舍通风设备与纵向通风技术的研究与应用

在20世纪70年代末和80年代初，我国自行设计建造的工厂化养畜禽场，由于没有农牧业用的低压头风量型风机，只能采用工业风机通风。畜禽舍内噪声大，能耗高，设备投资也大，不仅给畜禽场造成了很大的浪费，而且舍内环境条件差，影响了畜禽的生产性能。1983年以来，我国在引进、消化、吸收的基础上，设计并研制成功了国产9FJ农用低压大流量高效节能轴流风机系列，于1988年通过农业部新产品鉴定，填补了我国低压大流量风机的空白。随后，结合我国砖混结构畜舍的特点，研究并推广应用了畜禽舍的纵向通风新技术。将9FJ系列风机用于替换畜禽舍的原工业风机，结果节能40%~70%，噪声小于70dB。经在全国20余个省、市、自治区的畜禽场应用，在节约电能，减少设备投资和运行维修费用，降低噪声与改善舍内外环境等方面效果十分显著。纵向通风技术的发展，还使畜禽场的净污区自然分开，对净化场区环境，减少栋舍间的相互感染，提高卫生防疫等效果显著。也为高密度叠层笼养和大型连栋鸡舍的发展提供了技术保障。

（三）蒸发降温设备的研究与开发

目前我国畜舍中所采用的蒸发降温设备主要有两类，一是喷雾降温系统，二是湿帘风机降温系统。其中喷雾系统由于舍内湿度较大，且因喷头质量和水质需处理等原因，目前国内的畜禽舍采用不多。湿帘蒸发降温系统则以其降温效率高，系统造价与运行费用较低等特点，受到广大用户的欢迎。我国自1983年开始自行研制纸质蒸发降温湿帘以来，对湿帘的材料、结构及其强度与性能等进行了深入系统地研究，于1988年在北京农业工程大学研制成功，并通过农业部新产品鉴定，填补了我国纸质湿垫降温产品的空白，并与9FJ系列风机一起被列入国家级新产品向全国推广应用。该项技术于1993年获农业部科技进步二等奖和1996年国家科技进步三等奖。湿帘降温与纵向通风结合采用，基本可确保高温季节畜禽的正常生产。

（四）畜禽舍加温技术研究

近年来，已将正压管道送风技术引入到畜禽舍内，即使用暖风机和热风炉，用风机将引进舍内的新鲜空气先经加热后再送到畜禽舍内。这可以把供热和通风相结合，从根本上改善了寒冷季节畜禽舍内的环境。同时换热器和热风炉应用机动，投资较少，热效率高，耗煤少，劳动强度也大大降低。在热风供暖方面，今后尚应进一步加强畜禽舍专用热风炉系列的研究。

（五）畜禽舍环境自动控制技术的研究

我国畜禽舍环境自动控制水平还较低，所采用的都是单因素控制，如温度控制、光照控制、通风换气控制等。近年来，尤其在"八五"期间，对畜禽舍环境控制技术进行了重点研究与开发，以8098 单片机为核心开发了以畜禽的日龄为基准的温度、湿度、光照度等多因素闭环控制系统的硬件与软件技术，现已投入批量生产，初步实现了畜禽舍环境的智能化控制。对畜禽舍环境的自动控制系统目前尚需进一步完善与优化，如对畜禽舍通风换气设备实现调速控制，降低成本，把畜禽舍的环境控制与生产管理技术结合起来真正实现系统地优化控制等。

（六）畜禽场粪污处理与利用技术的研究

国内一些集约化畜禽场已与科研部门合作，按各地条件对多种畜禽粪便加工处理方法进行了初步研究。如：沼气厌氧发酵法、快速发酵法、高温高压真空干燥法、塑料大棚好氧发酵法、高温快速烘干法、热喷膨化法、微波干燥法等均已在生产中开始应用，并程度不同地见到一定效果。但它们各有优缺点，相比之下，高温快速烘干法使用推广较多。这种方法的优点是：不受季节、天气的限制，可连续生产，设备占地面积小，能将含水率75% 以下的鲜湿畜禽粪，一次烘干至含水率达13% 的安全贮存要求，并能达到消毒、灭菌、除臭和保存营养的目的，从而使烘干的畜禽粪可直接变成产品，或作为生产配合饲料和有机无机复合肥的原料。缺点是能耗较高，干燥过程排出的废气臭味较大，影响周边环境的空气质量。

（七）饲料加工机械设备

20 世纪80 年代中期我国自行设计建造的第一个万吨级配合饲

料加工厂建成投产，标志着我国配合饲料加工产业开始起步发展，到 2006 年全国饲料总产量已达 1 亿万吨。在引进消化吸收的基础上，结合中国的国情，我国在饲料加工机械设备方面已形成大、中、小齐全，从单机产品到各种规格的全套机械设备基本能够自己制造。有些大的饲料加工机械设备企业的产品已经全套出口，从厂房设计、工艺流程设计，电脑配料控制软件的设计到机械设备制造、安装、调试、操作人员培训等成为交钥匙工程。为畜牧业提供不同畜禽和水产动物需要的各种类型的饲料，促进了畜牧业的发展。

二、我国在畜牧工程方面存在的问题

存在的主要问题有：

（1）畜禽养殖工程饲养工艺和模式研究不够。

（2）畜禽舍建筑设施产业化技术落后，缺乏畜禽舍建筑设施的标准化与规范化。

（3）环境工程与饲养设备不配套。

（4）农村养殖专业户的畜禽生产环境调控技术较为落后。

三、我国畜牧工程的发展方向

畜牧业的进一步发展，将由传统的粗放型向现代集约型转变，由单纯追求数量向追求质量效益型转变，无公害清洁生产方式将是畜牧业发展的大趋势，这就要求采用先进的畜禽养殖工程工艺和与之配套的畜舍建筑设施和环境控制技术。随着养殖规模的扩大，迫切要求畜牧工程的各个学科领域及时跟上生产发展的需要，拿出科学合理，经济适用的各类畜牧工程项目规划设计及设施配套技术及产品。

世界畜禽舍建筑与环境控制技术发展的趋势是，更多地从动物福利角度考虑畜舍的建筑空间和饲养设备，从环境系统角度，综合考虑舍内通风、降温与加温等的环境控制技术将得到发展与推广应用。结合当地自然条件，充分利用自然资源的综合环境调控技术及其配套设施设备的开发应用是世界各国都在追求的目标。

根据我国的国情，尽快研究开发不同地区、不同规模的有关畜禽养殖工程饲养工艺和模式及其配套的环境调控设施与设备。具体内容如下：

（1）规模化畜禽饲养工艺定型化、标准化。

（2）实现畜禽舍建筑设施的标准化、装配化、系列化、产业化。

（3）畜禽环境控制技术系统化、实用化。

（4）畜禽场粪污处理技术的实用化与简易化，实现清洁生产绿色养殖。

（5）研究开发符合农村生产方式的饲养工艺、设施和机械设备，以促进社会主义新农村建设。

国内外畜牧工程技术的发展变化很快，本书主要介绍适合当前畜牧生产现状的饲料加工机械、畜禽饲养管理机械设备、畜产品采集机械、畜禽舍基本结构与环境控制等方面的内容。

第一章　饲料加工机械

饲料是畜牧业和水产养殖业发展的重要物质基础。按成分和配制方法不同，可分为混合饲料和配合饲料。混合饲料是两种以上单一饲料的均匀混合物；配合饲料是根据动物对各种营养物质的需要，将多种不同的饲料，科学地按一定的比例均匀混合而成的营养比较全面的商品饲料。由于饲料的种类多，用途不同，加工的工艺也不一样。

混合饲料的加工工艺包括：

（1）精饲料加工工艺：除杂去铁—粉碎—混合；

（2）粗饲料加工工艺：切碎—混合或去铁—初切—粉碎—混合或切碎—氮化（氨化）处理；

配合饲料的加工工艺：

配合饲料的工艺流程由单个的饲料加工设备按照一定的生产程序和技术要求排列组合而成。饲料厂的规模大小不同，生产工艺流程差别很大，选用的设备也有所不同。根据饲料生产的基本流程可将饲料加工工艺分为：原料接收及清理、粉碎、配料、混合、制粒、冷却、筛分、包装等工序。饲料加工工艺流程各工序中的设备可进行不同的组合，从而构成不同的生产工艺。

第一节　饲料输送机械

饲料加工厂中，输送机械的作用就是将原料、半成品和成品从一工序运送至另一工序。被输送的物料多为固体（块状、粒状和粉状）物料。为达到较好的输送效果，应根据输送物料的性质、工艺要求及输送位置的不同，选择适当形式的输送机械。输送机械按其工作原理可分为机械式和气力式两大类。

一、机械式输送机械

常用的机械式输送机械有带式输送机、刮板输送机、螺旋式输送机、斗式提升机和自流设备等。

（一）带式输送机

带式输送机可水平或倾斜输送粉状、粒状、块状及袋装物料。它的优点是：在输送过程中物料不会损伤。输送能力和输送距离较大；在整个输送带上都可装料和卸料；动力消耗低；工作可靠、操作方便、易于管理、工作时无噪声。

带式输送机的结构如图1－1。它是由输送带、支承装置、传动装置及张紧装置等组成。物料由进料斗直接落到输送带上，被输送到输送机的另一端。若需要在输送带的中间部位卸料，可另设卸料器。通常输送带采用橡胶带。

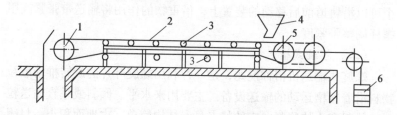

图1－1 带式输送机结构
1. 驱动轮 2. 输送带 3. 托架 4. 进料斗 5. 张紧轮 6. 张紧用重物

支承装置用托辊承托输送带及其上的物料。上带支承装置有单辊式和多辊组合式两种见图1－2。平面单辊式支承装置上，输送带面平直，物料运送量较少，适合运送成件物品，输送带寿命较长。多辊式支承装置使输送带弯曲槽状，输送量大，生产率高，适合输送散粒物料，但输送带易磨损。下带支承装置只起承托输送带的作用，多采用平面单辊。

为避免输送带跑偏，通常偏斜安装支承辊柱。也就是在安装

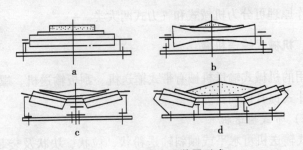

图 1 - 2　上带支承装置形式

a. 平面单辊　b. 凹面单辊　c. 上支双辊　d. 三辊

时，每隔 5 ~ 6 个辊柱将两侧支承的辊柱沿运动方向向前倾斜 2° ~ 3°，使得输送带承受向中间的分力，从而保持在中央位置。但这样，会使输送带磨损较快。

带式输送机的运转是靠驱动鼓轮与输送带之间的摩擦力带动的，为保证正常的摩擦，需要有张紧装置。通常，将张紧轮装在一个可以沿轨道前后移动的装置上，借重物的作用将输送带张紧或用螺杆调整张紧度。

(二)　螺旋式输送机

螺旋式输送机俗称搅龙，是一种利用螺旋叶片的旋转推动散粒物料沿着料槽运动的输送设备。主要用来水平、倾斜或垂直输送粒料、粉料和小块物料。它的特点是：结构简单，占地面积小，封闭性好，但摩擦较大，功率消耗大，物料易破碎，不宜输送大块的磨损性很强、易破碎或易黏结成块的物料。

根据转轴转动的速度不同，可将螺旋式输送机分成高速搅龙（300 ~ 800r/min）和低速搅龙（50 ~ 180r/min）。低速搅龙一般只可水平输送，高速搅龙可倾斜或垂直输送。

螺旋式输送机构造如图 1 - 3。由机槽、转轴、螺旋叶片、轴承、传动装置等组成。机槽常为 U 形长槽，槽的两端有端板，转轴由两端板上的轴承支承，轴上焊有薄钢板做成的搅龙叶片。当输送机太长时，在输送机的中部增设轴承吊架。另外，为承受推送物料而产生的轴向反力，装有止推轴承。

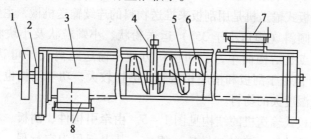

图 1 - 3　螺旋输送机
1. 传动轮　2. 端轴承　3. 机槽　4. 悬挂轴承
5. 转轴　6. 螺旋叶片　7. 进料口　8. 卸料口

螺旋分左旋和右旋，可单头、双头或三头，一般均采用单头螺旋。螺旋叶片的形状可分为实体螺旋、带状螺旋、桨叶片和齿形叶片四种见图 1 - 4。当运送干燥的小颗粒或粉状物料时，宜采用实体螺旋。当运送块状或黏滞性物料时，宜采用带状螺旋。当运送韧性物料时，宜采用桨叶片或齿形叶片，这两种螺旋在运送物料的同时，对物料还有一定的搅拌、揉捏及混合等作用。

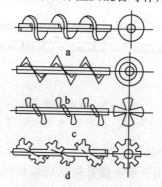

图 1 - 4　螺旋叶片形状
a. 实体螺旋　b. 带状螺旋　c. 桨叶片　d. 齿形叶片

（三）刮板式输送机

刮板式输送机是用刮板来推送物料的连续输送机械，主要用来水平或倾斜（倾角小于 35°）运送粉状、小颗粒状及小块状等物料。特点是结构简单，装卸物料方便，输送距离长（可达 50 ~ 60m），但由于刮板和槽底相接触，磨损较大，功率消耗也大，不宜输送湿度大的物料。

刮板式输送机的结构见图 1 - 5。由牵引构件、刮板、料槽和两端的传动轮（带轮或链轮）组成。其上行程为空行程，下面的行程为工作行程，物料在一端或在任意部位卸出。从动轮有张紧机构，使从动轮前后移动，以调节牵引构件的张紧度。牵引件常用特制钢板和链（钩形链、套筒滚子链或模锻链）组成。链有单链和双链。上面行程的链由托架支承，下面行程的链由槽底相托。刮板一般由钢板制成，也有用橡胶或塑料制成的。工作时，牵引件围绕传动轮运转，固定在牵引件上的刮板，将物料沿料槽向前输送到出口卸下。

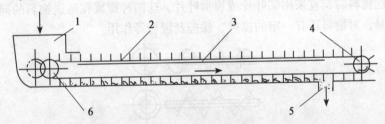

图 1 - 5 刮板式输送机

1. 喂料斗 2. 牵引链及刮板 3. 托架 4. 驱动轮 5. 卸料口 6. 张紧轮

（四）斗式提升机

斗式提升机是用于垂直提升粉状或粒状物料的直立输送设备。优点是提升高度大、占地面积小、输送量大、结构简单、耗用动力少、密封良好等，但对过载敏感、易堵、易引起粉尘爆炸等。它广泛用于粮食、油料、饲料等工厂和粮食仓库中。目前，我国斗式提升机的最大提升高度达 80m，国外已达 350m。斗式提升机的结构如图1－6。主要由料斗、牵引带、机壳、张紧装置、卸料装置等部分组成。料斗一般由薄钢板焊接或冲压而成，近几年用塑料制成的料斗规格型号较多，应用较广。料斗以一定的间隔安装在牵引装置上。斗底为圆弧形以便于卸料。料斗分浅斗、深斗和无底斗三种。浅斗容量小，有利抛卸物料，常用于输送粉料、潮湿或黏性物料；深斗容量大，但卸料困难，适于输送干的、流动性及散落性好的颗粒料和小块物料；无底料斗是以3～5个无底斗和一个放在下面的有底斗组成一组，斗间距离为5～10mm，两组料斗间距离为100～200mm，这样物料呈柱状输送，输送能力较强，只适合于散落性较好的物料的输送。

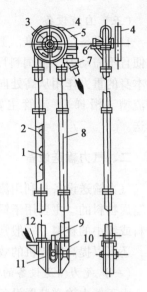

图1－6　斗式提升机

1. 牵引带　2. 料斗　3. 驱动轮
4. 传动轮　5. 机头　6. 轴承
7. 卸料口　8. 机壳　9. 张紧装置
10. 机座　11. 从动轮　12. 进料口

　　牵引带采用平皮带或链条。斗式提升机外壳由三部分组成。上端机头由驱动轮、传动装置和卸料口组成。下端机座由张紧轮、张紧装置、机壳及进料口组成。中间提升管可根据提升高度由若干节组成。

　　斗式提升机料斗运行速度决定了它的卸载方法。料斗运行速度高（1～2m/s），主要依靠离心力将物料抛出，称为离心式卸料，这种卸料方式的斗式提升机，生产率较高，适合提升谷物和粉状物料；料斗运行速度低（0.4～0.6m/s），主要依靠重力进行卸料，称为重力式卸料，主要用来提升块状和块根饲料；料斗运行速度中等（0.6～0.8m/s），依靠离心力和重力卸料，称为离心重力式卸料，可用于提升干粉料，也可提升一定湿度的粉粒料。

（五）自流设备

自流设备结构简单，工作可靠，制作及安装简单，维修、保养方便且不需动力，在饲料厂中普遍用于物料的降运（完全依靠物料本身的重力作用从高处向低处运送）。常用的有流管（自流管）和流槽（滑梯），流管主要用于散粒物料，流槽用于袋装物料输送。

二、气力输送设备

气力输送设备是利用流动的空气在管道内产生很大的气流速度来输送物料的。主要用于饲料加工厂或畜牧场的饲料加工车间输送粉料或细小的粒料。一般常在饲料加工厂粉碎后利用吸力来输送物料，还可以提高粉碎机的效率。

（一）气力输送设备的类型

由于气力输送装置设备的组合形式不同，可分为吸送式、压送式和混合式三种类型，如图 1-7。

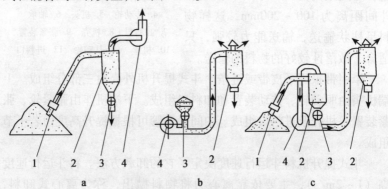

图 1-7　气力输送设备
a. 吸送式　b. 压送式　c. 混合式
1. 接料器　2. 离心式卸料器　3. 关风机　4. 风机

1. 吸送式气力输送设备　见图 1-7a，它是利用气流的吸力

（负压）输送物料。工作时，气流和物料通过接料器和吸管进入离心式卸料器，又称旋风分离筒、集料筒或沙克龙等，在离心式卸料器内物料与气流分离，物料从关风机卸出，空气及轻杂物和粉尘从风机的出口排出。

吸送式气力输送设备可以从几处向一处集中输送物料，输送距离可达 30～50m。吸送式气力输送设备在输送物料时系统处于负压状态，无粉尘飞扬，能从低处及狭窄处进行输送，但输送量和输送距离均受到限制。对卸料器和除尘器的密封性要求高，在饲料厂中常用于除尘系统。

2. 压送式气力输送设备　见图 1-7b，它是利用气流的吹力（正压）来吹送物料，物料由料斗通过关风机进入管道，与混合，然后通过管道输送到离心式卸料器中，物料从离心式卸料器下风机吹出的高压气流的排料口排出，空气和轻杂物从离心式卸料器的排风管排出。压气式可将物料从一个地方输送到几个不同的地方，输送距离较远，最长可达 300 m，输送过程中能防止杂质进入输送系统，但易造成粉尘飞扬，输送时物料对管道的磨损较大，对密封性要求高。

3. 混合式气力输送设备　见图 1-7c，它既利用风机入口的吸力来吸取物料，又利用风机出口的吹力来输送物料。工作时，物料通过接料器、吸管进到第一个离心式卸料器后，物料与气流分离，空气和粉尘从排风管排出，物料经第一个离心式卸料器下的关风机直接进入压送管道内，与风机正压口排出的气流混合，气流将物料送到第二个离心式卸料器内，物料与气流分离，物料从排料口排出，空气和轻杂物从排风管排出。这种组合形式充分利用了风机的动力，输送距离较长。常做成移动机组，流动使用。

（二）主要工作部件

1. 接料器　吸送式气力输送设备中的重要部件。对提高生产率和减少管网压力损失有较大影响。接料器的作用不仅把物料送进输料管，而且使物料与空气混合，易于加速，还有定量供料的作用。有移动式和固定式两种，移动式又称吸嘴，上部有许多孔。

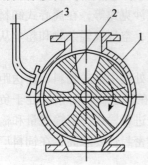

图 1-8　叶轮式关风机

1. 机壳　2. 叶轮　3. 逸气管

2. 关风机　饲料厂采用的关风机主要为叶轮式关风机。它用于压气式供料和吸气式卸料，它将管道内的高压或离心式卸料器中的负压与大气隔离而进行排料或进料。关风机的结构如图 1-8 所示。由叶轮和外壳组成，叶轮上有一定数量的凹槽，用来填充饲料。叶轮回转时，在关风机上方的饲料落入凹槽，当转到下方时，饲料从出口排出。叶轮与外壳的间隙为 0.2~0.5mm，它能隔绝上下方的空气。当关风机用于压气式供料时，在外壳一侧有一细管，以逸出凹槽内的高压空气，以免影响充料，在其他情况可不设此管。

3. 离心式卸料器　用来将气流输送的物料与空气分离。结构见图 1-9 所示，顶部有圆柱形排气管和一个切向进气口，排气管用来排出空气和轻质杂物，进气口用来进入空气及物料的混合气流，卸料器下半部分是锥形，底部有一卸料口，用来排出与空气分离的物料。工作时，带有物料的气流从进口的切线方向进入，沿筒壁一面做旋转运动，一面下降，当气流速度小于物料的悬浮速度后，物料从气流中脱离，并在重力作用下向下做旋转运动，最后滑落到圆锥筒下部出口；旋转向下的气流在到锥部底部后，

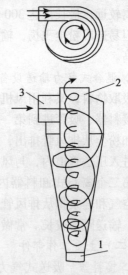

图 1-9　离心式卸料器

1. 排料口　2. 排风管　3. 进风口

沿分离器的轴心部位转而向上，形成旋转向上的气流，从分离器上部的排气管排出。离心式卸料器用来分离粉状物料时效率较高，因结构简单，尺寸紧凑，容易制造，选用适当时压损也不大，所以在饲料厂中应用较广泛。但用来分离粒状物料时，磨损较大，会使物料破碎率增加。

4. 除尘器　除尘器是气力输送系统中的重要组成部分，常用的有离心式除尘器和袋式除尘器。离心式除尘器的构造、工作原理同离心式卸料器类似。袋式除尘器（又称布袋除尘器）是一种利用有机纤维或无机纤维过滤布将气体中粉尘过滤出来的净化设备。

5. 风机　气力输送中的动力设备，它是将机械能传给空气产生压力差而迫使空气流动的机械。因为离心式风机结构简单，风量大、风压较低，所以适合饲料厂应用。

离心式风机分低压（小于 1kPa）、中压（1～3kPa）和高压（3～15kPa）三种。它由叶轮、机壳和机座三部分组成。工作时，从吸气口吸入空气，叶轮旋转时带动空气一起旋转，旋转气体产生离心力，从排气口排出。

三、附属设备

1. 闸门　各个料仓和设备的进口、出口都设有闸门。有手动、气动和电动控制三种。

2. 三通　物料分流过程中经常用三通来改变物料的流向。也有手动、气动和电动控制三种。

3. 旋转分配器　大中型饲料厂的原料仓和配料仓一般数量较多并且常集中配置，为便于进料，通常在料仓的上方和输送设备之间配置旋转分配器。旋转分配器能自动调节、定位并且利用物料的自流将使物料进入各个料仓。旋转分配器的结构见图 1－10。

输送物料时，将旋转分配器的旋转料管转动到指定料仓的进料口，物料由于自重的作用自流至料仓中。一个旋转分配器，可将物料按需要送入不同的料仓中。

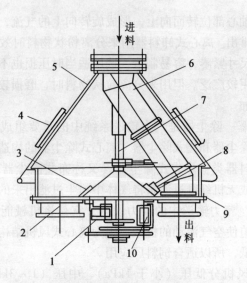

进料

出料

图 1－10　旋转分配器
1. 自动定位机构　2. 固定流管接头　3. 限位机构　4. 检修孔
5. 外壳　6. 旋转料管　7. 传动轴　8. 磁铁　9. 筒体　10. 电动机

第二节　饲料清理设备

一、饲料清理的目的

饲料原料中的杂质，若不进行清除，不仅会降低饲料产品的质量，而且在饲料加工过程中还容易损坏机械设备，影响生产的正常进行。所以，饲料清理也是饲料粉碎前必不可少的一道工序。饲料原料中要清理的主要是其中的石块、泥块、麻布片、麻绳及金属杂质等。

饲料厂清理原料的目的就是：保证饲料产品的质量；保障加工设备的安全生产且减少设备损耗；改善加工时的环境卫生。

饲料厂采用的清理方法：利用原料和杂物尺寸上的差异进行筛选；利用原料与杂质磁性上的差异进行磁选。

二、饲料清理设备

（一）清理筛

清理筛是一种筛选设备。饲料厂目前普遍使用的清理筛有圆筒初清筛和圆锥初清筛。

1. 圆筒初清筛　圆筒初清筛是利用旋转的筒形筛面进行筛选的一种清理设备。主要用于粒状物料中较大的土块、石块、茎秆、铁丝等杂物的清理。

SCY 型圆筒初清筛的结构见图 1-11，筛筒呈水平悬臂状安装在传动轴上。沿长度方向分清理段和导杂段两部分。在导杂段有单头导向螺旋。在机架上方设有吸尘口，用来清除原料中的轻杂和灰尘。在筛筒旋转的上行方向安装有清理刷，用来清理筛面，以保证筛孔畅通。原料由进料口进入圆筒筛的清理段，电动机通过传动装置带动筛筒旋转，物料在筛筒里翻滚的同时，通过筛孔落入出料口，杂物旋转到导杂段由筛筒一端沿轴向落入大杂出口

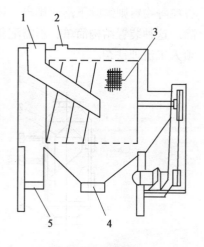

图 1-11　初清筛
1. 喂入槽　2. 吸风口　3. 圆筒筛
4. 净料出口　5. 大杂出口

排出。这种清理设备结构简单、造价低、效率高，能有效地清理大部分颗粒饲料原料。

2. 圆锥初清筛　广泛用于粉状原料如米糠、麸皮等的清理。原料进入进料斗后，由喂料螺旋推入圆锥筛小头内，转子在电动机和传动装置的驱动下旋转，物料在筛筒带动翻滚的同时，通过筛孔从底部出料口排出，大杂由筛筒大头排出。

（二）磁选器

磁选器主要用来清除原料中的小块金属杂质。国内外的饲料工业主要应用永磁性磁选器。

1. 永磁筒 永磁筒式磁选器见图 1 – 12，由外筒和内筒两部分组成。外筒由筒体、进料口和出料口等组成；内筒为磁性部件，固定在外筒的门上，由不锈钢外罩和磁体组成，磁体由 64 块永久磁铁和导磁板组装。工作时物料由进料口落到内筒顶部的锥体表面被均匀散开，从内外筒间的空间下落，铁质物被内筒吸附，非磁性的谷粒等物料则继续下落而排出。被吸附的铁质杂物，定期由人工清除。这种装置结构简单、不需配备动力，有较好的除铁效果，但必须人工清理铁杂。

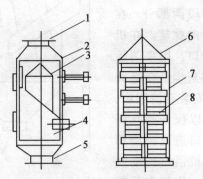

图 1 – 12　永磁筒式磁选器

1. 进料口　2. 筒体　3. 内筒　4. 筒门　5. 出料口
6. 外罩　7. 导磁板　8. 永久磁铁

2. 永磁滚筒 永磁滚筒见图 1 – 13，由机壳、进料装置、滚筒、磁芯和传动装置等组成。

磁芯由永久磁铁和铁隔板按一定顺序排成圆弧形安装在固定的轴上。滚筒由非磁性材料制成，通过蜗轮蜗杆变速机构由电动机带动旋转。永磁滚筒能自动排除磁性杂质，操作管理方便，除杂效率高，适应分离粒状物料中的磁性杂质。

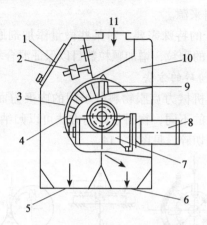

图 1 – 13　永磁滚筒磁选器

1. 观察孔　2. 压力门　3. 外筒　4. 磁芯　5. 出料口　6. 铁杂出口
7. 减速器　8. 电动机　9. 磁铁　10. 机壳　11. 进料口

3. 永磁流管　是将一组或几组永久磁铁装于流管下面或上方，结构简单，不占空间位置。但是被吸住的杂质易被物料流冲走，效率低。为提高分离效率，应使料层减薄，可在斜管部分加宽，斜管上方加设扩散均流装置。

第三节　饲料粉碎机

一、粉碎的目的与粉碎方法

（一）饲料粉碎的目的

1. 提高畜禽对饲料的消化吸收率和增重率。物料粉碎后，表面积增加，与畜禽消化液接触的面积增大，因而提高了消化吸收率。

2. 提高饲料的混合性能。粉碎可降低不同物料间的粒度差异，有利于各组分混合均匀。

3. 提高制粒效率和颗粒质量。

4. 扩大饲料来源。

5. 满足生产的特殊需要。对某些微量添加剂原料，粉碎是为了获得足够细度的颗粒，增加颗粒数目以保证混合均匀。

（二）饲料粉碎的方法

粉碎就是用机械力克服物料分子间的内聚力而使它碎裂的过程。根据作用力的不同，物料粉碎的方法可以归纳为四种：击碎、磨碎、压碎和锯切碎，见图 1 - 14。

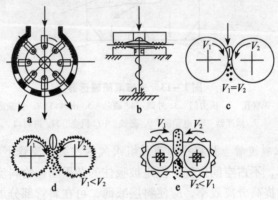

图 1 - 14 饲料的粉碎方法

a. 击碎　b. 磨碎　c. 压碎　d、e. 锯切碎

1. 击碎　利用高速旋转的锤片将物料击打使之破碎。适合粉碎坚硬和脆性的谷物饲料。它适应性广，效率高，但能耗大，噪声高。利用这种方法工作的有锤片式、爪式粉碎机。

2. 磨碎　利用两个磨盘的带有齿槽的坚硬表面，对饲料进行切削和摩擦而碎裂。适合加工干燥且不含油的饲料。它需求的动力小、产品粒度小，但产生粉末较多，饲料温度高。利用这种方法工作的有钢磨和石磨，目前在配合饲料中应用较少。

3. 压碎　利用两个表面光滑的压辊以相同的速度相对转动，将饲料挤压使之碎裂。不能加工含油率高、湿度大的饲料。常用于压扁燕麦作马饲料，也有用于轧碎压粒机压出的大颗粒饲料，饲料厂中称为碎粒机。

4. 锯切碎 利用两个表面有齿且转速不同的齿辊将饲料锯切碎。采用这种方法工作的为对辊式粉碎机。常用于大块物料的初步粉碎。

上述几种方法在一种粉碎机中并不是单一存在的，总是以一种方法为主，几种粉碎方法并存。

二、锤片式粉碎机

（一）锤片式粉碎机的类型

锤片式粉碎机是一种利用高速旋转的锤片来击碎饲料的机器。根据用途及结构特点不同，有下列几种类型：

（1）按进料方向不同，可分为切向进料式、轴向进料式、径向进料式三种，见图1-15。

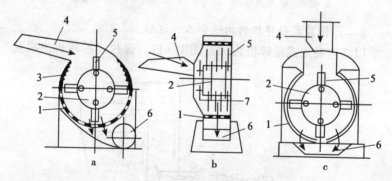

图1-15 锤片粉碎机类型

a. 切向进料式 b. 轴向进料式 c. 径向进料式

1. 筛片 2. 转子 3. 齿板 4. 进料口 5. 锤片 6. 出料口 7. 动刀

（2）按有无筛片，可分为有筛、无筛和半无筛三种。有筛粉碎机中，根据筛片的形式又分为底筛式、环筛式和侧筛式三种。

（3）按粉碎室的形状可分为圆形、椭圆形、蜗壳形、水滴形和花键形五种，见图1-16。

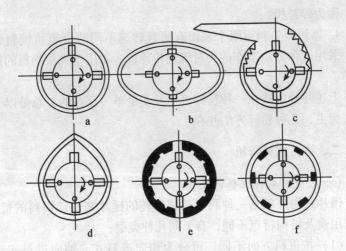

图 1－16　粉碎室的形状

a. 圆形　b. 椭圆形　c. 蜗壳形　d. 水滴形　e、f. 花键形

(二) 锤片式粉碎机的构造和工作过程

以切向喂入式粉碎机为例见图 1－17，锤片式粉碎机由机壳、

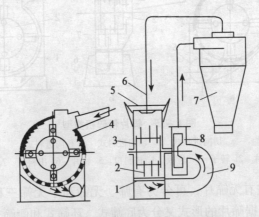

图 1－17　切向喂入式的锤片粉碎机

1. 筛片　2. 锤片　3. 转盘　4. 齿板　5. 喂料斗
6. 回风管　7. 集料筒　8. 风机　9. 吸料管

喂料斗、转盘（转子）、锤片、筛片、齿板、风机和集料筒等组成。

粉碎机工作时，物料从喂料斗进入粉碎室，首先受到高速旋转的锤片打击，并以较高的速度飞向齿板，与齿板撞击、摩擦，被弹回再次受到锤片的打击和撞击。饲料颗粒经反复打击和撞击，逐渐变成细小的颗粒直到从筛孔中漏出为止。通过筛孔漏出的饲料被气流送到集料筒，在集料筒经离心分离后，物料从出料口排出并装袋，空气和粉尘从顶部的出风管和回料管回流入粉碎室，也可在排风管上接一集尘布袋，收集粉尘，以防污染环境。留在筛面上的较大颗粒，将同新加入的物料一起，受到上述作用粉碎，直到从筛孔漏出为止。

（三）锤片式粉碎机的主要工作部件

锤片式粉碎机的主要工作部件是锤片和筛片。

1. 锤片　锤片是粉碎机上最容易磨损的主要工作部件。它对粉碎机的性能影响很大，种类很多，有矩形、梯形、尖角、环形等形状。我国标准锤片为板状矩形，这种锤片形状简单，容易制造，通用性好，比较耐磨，所以应用最为广泛。锤片上有两个销连孔，使用时可以翻边调头利用锤片的四个角来工作。制造锤片时，各锤片间重量允许误差为锤片重量的 2%，以免引起机器运转时的振动。

常见的锤片排列形式有四种，见图 1 - 18，螺旋线排列，分单螺旋线和双螺旋线两种，排列方式简单，轨迹均匀，且不重复。但工作时物料将沿螺旋线向一侧移动，使锤片磨损不均匀，高速旋转时，机器会振动；对称平衡排列时转子运转平稳，物料无侧移现象，锤片磨损比较均匀；交错平衡排列时锤片轨迹均匀，不重复，转子运转平稳，但工作时物料略有推移，销轴间隔套品种较多，不便于更换锤片；对称交错排列不仅轨迹均匀，不重复，而且锤片排列左右对称，因此转子运转平衡性好，但间隔套种类较多。

2. 筛片　筛片是控制物料细碎度的部件，也是易损件。锤片

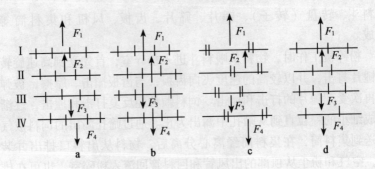

图 1 – 18　锤片的排列形式

a. 单螺旋线排列　b. 对称平衡排列　c. 交错平衡排列　d. 对称交错排列

式饲料粉碎机上的筛片有冲孔筛、圆锥孔筛和鱼鳞筛等数种。因圆柱形冲孔筛结构简单、制造方便，所以应用最广。筛孔直径有四个等级：小孔 1 ~ 2mm，中孔 3 ~ 4mm，粗孔 5 ~ 6mm，大孔 8mm。

粉碎机的生产率、成品粒径和筛片孔径成正比关系，以平均粒径表示粒度 M 与筛孔直径 d 的关系为 $M =$（$1/4 ~ 1/3$）d

（四）影响粉碎效果的因素

锤片粉碎机的粉碎程度、产量以及粉碎过程中的单位能耗，主要取决于下列因素：

1. 粉碎物料的种类及物理性质　不同种类饲料原料的物理性质不同，粉碎的难易程度也不同。原料含水量大，使物料韧性增大，导致锤片粉碎机能耗增高和产量降低。另外，水分含量高的原料，也容易堵塞筛孔，致使产量降低。

2. 筛片　提高筛片的通过能力除了增大有效筛孔面积外，也可在保证饲料粒度的要求下，尽可能采用孔径较大的筛片，以此来提高筛子的通过能力，提高产量。

3. 锤片的末端线速度　锤片的末端线速度是影响粉碎机工作性能的重要因素之一。物料的粉碎效果及粉碎机的生产率随锤片的末端线速度的增高而增大。我国锤片式粉碎机将锤片末端线速度设计为 80 ~ 90m/s，以适应玉米、小麦为主的物料粉碎。

4. 锤筛间隙 锤筛间隙指锤片末端与筛片之间的间隙。它是影响粉碎机性能的重要参数。锤筛间隙过大，锤片打击物料机会少，物料在筛面上做环流运动，大粒物料在环流的外层紧贴筛面运动的速度过慢，阻碍了环流内层较小物料的排出，影响产量。锤筛间隙过小，物料受锤片打击的机会多，物料在筛面上运动速度加快，物料也不容易穿过筛孔排出机外，增加了物料在粉碎室内的停留时间，导致物料过细，功耗增加。我国对锤片式粉碎机进行了试验，推荐不同物料粉碎时最佳锤筛间隙为：谷物 4～8mm，秸秆 10～14mm，通用机型 12mm。

5. 粉碎机吸风的影响 锤片式粉碎机采用吸风方式可以降低物料温度，防止筛孔堵塞，其生产率比不用吸风排料时要提高10%～25%。

三、其他类型饲料粉碎机

（一）齿爪式粉碎机

齿爪式粉碎机简称爪式粉碎机，如图1-19。它是利用固定在转子上的齿爪粉碎物料的，主要有喂料斗、动齿盘、定齿盘、环筛和排料口等组成。工作时，饲料由喂料斗经流量调节插板、进料管进入粉碎室，受到定、动齿和筛片的冲击、碰撞与搓擦等作用，最终被粉碎成粉粒状排出机外。动齿和定齿间的间隙为3.5mm。爪式粉碎机的特点是结构简单，粉碎室比较窄，筛片包角为360°，生产率较高，但噪声和粉尘也较大。对长纤维饲料不适用。

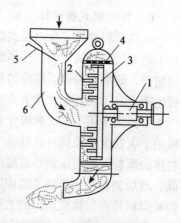

图1-19 齿爪式粉碎机
1. 主轴 2. 定齿盘 3. 动齿盘
4. 筛片 5. 进料控制插板
6. 喂入管

（二）无筛式粉碎机

无筛式粉碎机结构见图 1-20，由机体、转子、控制室和风机等组成。主要用于粉碎贝壳等矿物质原料。

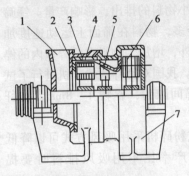

图 1-20 无筛式粉碎机
1. 喂入口 2. 侧齿板 3. 弧形齿板
4. 转子与锤块 5. 控制轮与叶片
6. 风机叶轮 7. 机体

贝壳经对辊破碎机破碎后进入粉碎机，贝壳由喂入口进入粉碎室后，受到高速转动的转子与锤块和粉碎室内的侧齿板、弧形齿板的作用，被击碎、剪切碎和磨碎，成品粒度通过调节控制轮与衬套间的间隙而得到控制。即合格的粉粒通过控制轮而被风吸出，不合格的粗粒被控制叶片挡回粉碎室重新粉碎。也可通过调节锤块与齿板间隙来控制成品粒度。

（三）对辊式粉碎机

对辊式粉碎机又称对辊式磨粉机或对辊磨。主要工作部件是一对不同速做相对旋转的圆柱体磨辊，工作时，物料通过两辊之间受到锯切，研磨而粉碎。粉碎的程度可根据需要进行调节。这种粉碎机生产率高、功耗低、调节方便，加工过程中物料温升低。在饲料行业中，大多用于二次粉碎作业的第一道粉碎工序。当对辊式粉碎机用于大粒度颗粒饲料的破碎生产时，一般称为碎粒机。压制较大粒度的颗粒饲料与压制小粒度的颗粒饲料相比具有生产率高、能耗低、增加制粒机工作部件的使用寿命等特点。所以，通常小粒度的颗粒饲料是将制粒机压出的大颗粒饲料经碎粒机碎粒后生产的。

第四节 配料计量装置

在配合饲料的生产过程中，配料工序是核心环节，它是由配料仓和配料计量设备共同完成的。所谓配料，就是按照畜禽等饲料配方的需求，采用特定的配料装置，对多种不同品种的原料进行准确称量的过程。配料计量装置性能的好坏直接影响配合饲料的质量。对配料计量装置的要求就是良好的准确性、灵敏性、稳定性和不变性。

配料装置按工作原理可分为容积式和重量式两类；按工作过程可分为连续式和分批式两类；按操作方式可分为人工操作、半自动化和自动化三类。目前主要采用重量计量方式。

一、人工称重

一般小型饲料厂皆采用人工操作称重。使用的设备多是磅秤、台秤、盘秤或药物太平等。按饲料的重量进行配料称重。这种配料方式效率低，劳动强度大，配料误差大。

二、电子配料秤

随着电子科技的发展，电子配料秤得到了普及。电子秤因为结构简单，称重速度快，计量精度高，使用寿命长，在大中型饲料加工厂应用比较多，只是价格较贵。

（一）配料工艺

配料计量工艺对饲料产品的质量和成本有重要的影响。合理的配料工艺可以提高配料精度，改善生产管理。常见的配料计量工艺有一仓一秤、多仓一秤和多仓数秤三种。

1. 一仓一秤配料工艺　一仓一秤配料计量工艺在每个配料仓下面都配用一台计量秤。各配料仓中的物料分别经各自的行量秤计量后，经水平输送机送入混合机混合。这种工艺计量可靠，可同时计量，计量周期短；但设备费用高，占地面积大，目前很少应用。

2. 多仓一秤配料工艺　多仓一秤配料计量工艺在所有配料仓下面只设一台计量秤。一般需要采用具有程序控制的计量秤，以便自动控制给料、称重、停止等动作。计量时，打开程序设定的料仓开关进行给料和称重，当秤斗内的料量达到配方要求的该料重量时，通过控制台发出信号，使该料仓停止给料，转而由下一料仓给料并称重，其余类推。配料时叠加计量，当完成配方要求的各种饲料的称重以后，控制台发出信号打开秤斗卸料门，将本批次饲料送入混合机。秤斗卸完饲料后关上卸料门，控制台发出指令，又开始下一批次的配料计量工作。这种工艺的特点就是工艺流程简单，布置紧凑，占地面积小，操作方便，易于实现自动化控制；但分量大和分量小的饲料都用同一量程的秤，分量小的饲料计量精度较低，一般应用于中型配合饲料厂。

3. 多仓数秤配料工艺 多仓数秤配料计量工艺将被称物料按它们的特性或称重差异将配料仓分成 2~3 组，分批次称重。这种工艺较好地解决了多仓一秤和一仓一秤工艺形式存在的问题，在配料仓很多的大中型饲料厂和预混料生产厂中常见，还可以提高配料精度，缩短配料周期。

（二）供料器

供料器是装在配料仓出口和配料秤入口之间，保证配料秤准确完成称重过程的重要辅助设备。常用的螺旋供料器、叶轮供料器和电磁振动供料器等。

1. 螺旋供料器 螺旋供料器工作原理与螺旋输送机相同。因其结构简单，工作可靠，维修方便，所以应用广泛。

2. 叶轮供料器 叶轮供料器主要用于料仓出口与配料秤入口水平中心距较小的场合。具有体积小，重量轻，便于悬挂吊装，操作简便等特点。

3. 电磁振动供料器 电磁振动供料器的给料过程是利用电磁振动器驱动料槽沿倾斜方向做周期性的往复振动来实现的。供料能力取决于料槽宽度、料层厚度、物料容重和物料流动速度等因素。

（三）电子配料秤（构造、原理、工作过程）

电子配料秤是由一定数量的电阻式测力传感器和晶体管电位差计构成的称量仪器，可自动测量显示，还可附加给定值输出信号，实现自动控制。配料精度可达0.2%～1%。

电子配料秤的结构见图1－21，主要由供料器、秤斗、称重传感器、气控系统和控制柜等组成。工作时，螺旋供料器启动，将配料仓内的饲料送入秤斗，当达到所需分量时传感器输出信号，通过微动开关使供料器停止工作而启动下一个供料器工作，直到这一批分量加料完毕，通过汽缸开启秤斗下方的卸料门卸料。卸完后仪表输出讯号，使卸料门关闭，开始第二批称重工作。

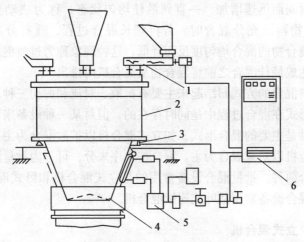

图1－21　电子配料秤

1. 螺旋供料器　2. 秤斗　3. 称重传感器
4. 卸料门机构　5. 气控系统　6. 控制柜

称重时，秤斗的承重和传力机构将被称物料的重量传递给称重传感器。称重传感器将作用于其上的重量转换为电量输出。测量显示仪器用来测量和显示传感器输出的电讯号。

第五节　饲料混合机械

饲喂畜禽的各种饲料经过配料后需要进行混合，使各种成分能均匀地分布。尤其是那些用量很少的微量元素、药剂和矿物质更要求分布均匀，否则轻则影响畜禽的生长发育，重者造成畜禽中毒，因此混合是确保配合饲料质量和提高饲料效果的重要环节。

一、概述

所谓混合，就是在外力作用下，将配合后的各种物料相互掺和，使之均匀分布的过程。研究表明在许多混合过程中，混合程度随混合时间而迅速增加，一直到最佳均匀状态，称为"动力学平衡"。当物料已充分混合时，若再延长混合过程，就有分离的倾向，使混合物的混合均匀度反而降低，这种现象称为过渡混合。所以应在达成最佳混合之前将混合物从混合机内排出。

饲料混合的方式归结起来主要有扩散、对流和剪切三种。这三种混合形式在混合过程中是同时存在的，但对某一种设备来讲，其中有一种是主要的混合形式，如立式混合机以扩散混合为主，卧式螺带混合机以对流混合为主。混合按工序来分，可分为批量混合和连续混合两种。批量混合设备常用的是立式混合机和卧式混合机；连续式混合设备常用桨叶式连续混合机。

二、立式混合机

立式混合机又称垂直螺旋式混合机，适用于粉状配合饲料的混合，结构见图1-22，由料斗、垂直螺旋、螺旋外壳、机壳、卸料口、支架和电动机传动部分组成。机壳由上下两部分组成，上部为圆柱部分，主要是用来容纳物料；下部分为圆锥部分用来集中物料。锥形部分母线与水平面有不小于60°的倾角。容积一般为0.8~2m³，螺旋直径为250~300mm，圆筒直径是螺旋直径的4~5倍。螺旋转速较高，一般为200~400r/min。

工作时将计量好的各种物料依次倒入接料斗内，由垂直螺旋将粉料向上提升，到螺旋端部通过拨料板抛出，再沿圆筒和锥形部分的内壁下滑，流到底部，并再一次由垂直螺旋向上提升抛

撒，如此多次反复循环，直到混合均匀，
打开出料口将饲料卸出。一般混合周期
为 10～15min/批，混合均匀度变异系数
CV≤10%。

这种混合机的特点是配套动力小，占
地面积小，一次装料量多，每批混合时间
长，生产率低，卸料后机内残留物料较
多，卸料速度慢，适合小型饲料加工机组
使用。

三、卧式环带式混合机

卧式环带式混合机的结构见图1－23，
由机体、转子、进料口、出料口和传动机
构等组成。机体呈 U 形槽状，进料口在机
体顶部，出料口在机体底部，排料门的形式有全长排料、端头排料

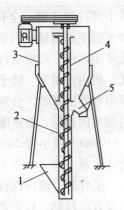

图 1－22　立式混合机
1. 接料斗　2. 垂直螺旋
3. 圆筒　4. 螺旋外壳
5. 卸料口

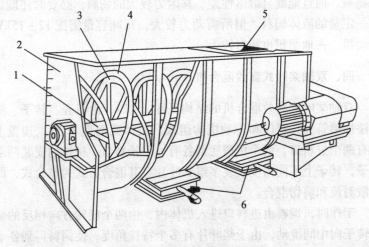

图 1－23　卧式螺带混合机
1. 主轴　2. 机壳　3. 内螺带　4. 外螺带　5. 进料口　6. 出料口

或中部排料几种。全长排料又称大开门，排料速度快，排料残留少。但工作时排料门受力大，使用一段时间后，易变形。若变形，就关闭不严，在混合过程中漏料，影响混合效果。其他两种排料形式，机内残留多。转子由主轴、支撑杆和螺带构成。螺带包括内层螺带和外层螺带，分别为左旋和右旋。左旋螺带和右旋螺带推运物料的方向相反，输送能力相等。外螺带外径和机壳壁的间隙一般为 5～10mm，最小为 2mm，这个间隙越小则越有利于减少机内物料的残留量。

工作时，槽内饲料受环形螺带的推动，外层和中心层的饲料作相反方向移动，彼此产生翻滚、剪切和对流的作用，如此不断反复，使饲料均匀混合。饲料混合好后，利用手动、气动或电动的构件开启卸料门，将饲料通过卸料口卸出。混合周期一般为 4～6min/批，混合均匀度变异系数 $CV \leq 10\%$。

卧式螺带混合机的优点是混合效率高，混合质量好，卸料迅速，残留少，目前，在配合饲料厂应用广泛。不仅能混合散落性好的物料，而且能混合散落性差、黏附力较大的物料，必要时还能加入一定量的液体饲料。但所需动力较大，每吨容量需配 12～15kW 电动机，占地面积也相对较大。

四、双轴桨叶式高效混合机

双轴桨叶式高效混合机的结构见图 1-24，由机壳、转子、液体添加喷管、排料门和传动机构组成。机体截面呈 W 形，顶盖上开有两个进料口，两个机槽底部各有一个排料口，机体内安装两个转子，转子上不同角度安装多组桨叶片。其混合方式为集合式，即扩散对流和剪切混合。

工作时，饲料由进料口进入机体内，由两个旋转方向相反的桨叶转子向中间搅动，由于桨叶片有多个特殊角度，使饲料得到各个方向的混合力，同时在两个转子的交叉重叠处形成一个失重区，在这个区域，任何形状、粒度和密度的饲料都处于瞬间失重状态，得

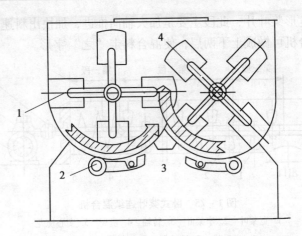

图 1－24 卧式双轴桨叶混合机
1. 桨叶 2. 排料门 3. 排料室 4. 混合室

到迅速而有效的混合。

这种混合机的特点是混合速度快，通常一批饲料的混合时间为45～60s。混合均匀度高，混合均匀度变异系数 CV≤5%。能混合黏性物料，添加30%的液体，原料仍可混合均匀。混合均匀度受物料充满系数的影响小，充满系数为0.1～0.8。混合周期一般为1.5～2min/批。

五、连续式混合机

连续式饲料混合机工作时，物料除了作剪切混合外，还要保持一定的流动方向和流动速度。要求连续混合机不但能把每一瞬间的物料混合均匀，而且能把这一瞬间的物料与下一瞬间的物料进行适当的混合，因此要求连续式混合机同时发生横向和纵向混合。

连续式混合机的结构见图1－25所示，轴上安装有三段形状结构不同的搅拌叶片。第一段是物料进口段，螺旋搅龙的主要作用是推进物料；第二段是物料混合段，安装角度为40°的多个窄形桨叶片，主要是减慢轴向推进，加大横向搅拌作用；第三段为出口段，有六个宽形桨叶片，此段主要是加大轴向推进，加快出料速度。连续式混合机可做成上下两层，使混合料走"之"字形。

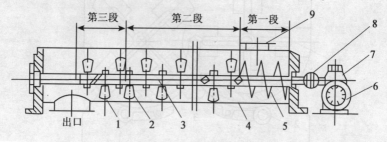

图 1－25　卧式桨叶连续混合机

1. 宽桨叶　2. 窄桨叶　3. 转轴　4. 机壳　5. 实心搅龙
6. 电动机　7. 减速器　8. 联轴器　9. 进口

这种混合机的结构简单，造价低廉，并能连续工作，但混合机长度较大，残留也多，不易生产多种产品，混合质量较差。在饲料厂主要用于饲料制粒前的调质器上。

六、影响混合质量的因素

混合过程中实际上是混合作用与分离作用并存的过程。因此，影响这些作用的因素都将影响混合的质量。

（一）机型的影响

从混合机理上讲，以对流作用为主的混合机的混合速度较快，以扩散为主的混合机，混合作用较慢，要求混合时间长，各组分的物理机械性质对混合效果的影响比以对流为主的机型大。

（二）混合组分的机械物理特性

主要指物料的比重、粒度、颗粒表面的粗糙程度、水分、散落性、结团的情况和团粒的组分等。这些物理差异越小，混合效果越好，混合后越不易再度分离。另外，某组分在混合物中所占的比例越小，越不容易混合。为减少混合后的再度分离，可在接近完成时添加黏性的液体成分以降低其散落性，减少分离作用。

（三）操作的影响

混合物料配比的差异大时，应注意加料顺序，一般应把批量大的组分先装，再装少量组分。微量元素先与载体预混合，再进行混合。

机体内装料量的多少，也会影响混合质量。装料量过多，会使混合机超负荷工作，影响机内物料循环；装料量太少，也不能充分发挥混合效果，同样会影响饲料质量。一般情况下，立式混合机的充满系数为 0.8~0.85；卧式螺带混合机的充满系数为 0.6~0.8；双轴桨叶式高效混合机的充满系数为 0.1~0.8。

（四）混合时间的影响

开始混合时，混合均匀度随混合时间的增加而迅速增加，当饲料达到充分混合后，继续在混合机内混合，就会产生过度混合，反而使混合均匀度下降。

（五）静电的影响

维生素 B_2 等物料容易产生静电效应而被吸附于机壁，影响混合均匀度，因此，应将机体妥善接地。

第六节　饲料制粒机械

粉状饲料在输送过程中，由于振动、颠簸，会破坏各组分的均布状态，在饲喂的时候，由于畜禽的捡食，也使畜禽吃不到全价的饲料，饲料制成颗粒后，体积小，密度大，流动性好，便于贮藏和运输。因此，饲料制粒成为现代饲料工业的一个重要组成部分，且在配合饲料中的比例也在逐年增加。饲料制粒工艺由压粒、冷却、碎粒、分级及油脂喷涂等工序组成，可以根据用户需要来选用。

一、饲料制粒的工艺流程

制粒工艺流程由预处理、压粒及后处理三部分组成。制粒工艺流程见图 1-26 所示。

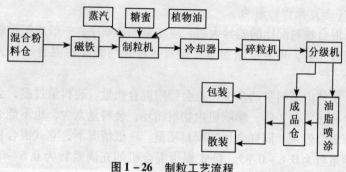

图1-26 制粒工艺流程

二、饲料制粒机

制粒机用来将粉状饲料挤压成颗粒饲料。目前饲料加工中应用较多的主要有环模制粒机和平模制粒机。

（一）环模制粒机

环模制粒机按环模的配置不同又有立式和卧式之分，立式环模制粒机的主轴是垂直的，环模圈水平配置；而卧式环模制粒机的主轴水平，环模圈垂直配置。一般小型用立式，大、中型用卧式较多。卧式环模制粒机主要由供料器、调质器、压粒机构组成，它们分别由单独的电动机来带动工作，见图1-27a。

1. 供料器 供料螺旋用来送入饲料，供料量的控制有改变螺旋的转速和控制出料闸门的开度两种方法。通常采用无级变速电动机改变供料量，以适应制粒电动机的负荷要求。

2. 调质器 也称搅拌器，轴上安装有按螺旋线排列的搅拌桨叶，作用是将饲料和输入的蒸汽及液体搅拌混合，对饲料进行调质，同时输送饲料，提供给制粒部分制粒，搅拌桨叶的安装角度要可调节。在搅拌器的侧壁，装有喷嘴用来输入蒸汽、油脂或糖蜜等。喷出的蒸汽或浆液和粉料混合，可以增加饲料的温度和湿度，这样有利于制粒，提高生产率，而且能减少压模圈的磨损。

3. 压粒机构 压粒机构由压模圈（环模）和压辊组成（图1-27b）。压模圈的周围有许多模孔，在压模圈内装有一对压辊，压

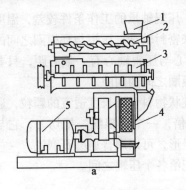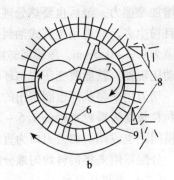

图 1 – 27 制粒机

a. 环模制粒机 b. 压模圈及压辊

1. 料斗 2. 螺旋供料器 3. 搅拌调质器 4. 制粒机
5. 电动机 6. 分配器 7. 压辊 8. 切刀 9. 压模圈

辊装在一个不动的支架上，压辊能随压模圈的转动而自转。压辊与压模圈之间有很小的间隙。工作时压模圈由电动机驱动做等速顺时针转动，进入压模圈的饲料，被转动着的压模圈带入压辊和压模圈之间，饲料被两个相对旋转的部件逐渐挤压，通过压模圈上的孔向外挤压，再由固定不动的切刀切成短圆柱状颗粒。

压模圈由镍铬合金钢精加工制成，热处理后表面硬度为HRC53 ~ 59。环模模孔的形状主要有四种：直形孔、阶梯形孔适于加工配合饲料，但阶梯形孔不常用；外锥形孔适于加工脱脂糠、椰子粕等高纤维含量物料；内锥形孔适于加工牧草料体积大的物料。环模孔径一般为 ϕ 3.2mm（鸡用），ϕ 3.5 ~ 5.5mm（猪用），ϕ 4.5 ~ 8mm（牛用）。环模圈的标准模孔直径为 ϕ 3.2mm、ϕ 4.5mm、ϕ 6.8mm 等几种。为节省动力、提高产量，加工雏鸡用颗粒料时常用 ϕ 4.5mm 或 ϕ 6.8mm 的模孔加工，然后用破碎机进行破碎，再用分级筛筛分。环模使用寿命一般为加工 2 000 ~ 8 000t 饲料。

压辊用来向环模工作表面施加压力而挤出饲料。压辊采用与压模圈相同的材料，表面加工成与轴线平行的齿形槽或在其表面钻孔以增加摩擦力，最后也要热处理。压辊轴承的工作条件较差，温度高且粉尘多，应选用迷宫式油封来密封轴承。压辊与环模圈之间的间隙为 0.3～0.5mm，压辊回转中心与压辊轴心有一偏心距，只要转动压辊轴，就能改变压辊与环模圈之间的间隙。

切刀用来将从环模圈挤出的柱状物料切成长度适宜的颗粒，通常颗粒长度为颗粒直径的 1.5～2 倍，一个压辊配一把切刀，它与环模间距也可调。切刀刃口为直线形，可以用普通磨石磨锐。

分配器用来将饲料均匀地分配给各个压辊之间。

（二）平模压粒机

平模压粒机有动辊式、动模式和动辊动模式三种，结构简单、制造容易、造价低，特别适于加工纤维性的物料，其中动辊式压粒机的平模固定不动，平模表面磨损较均匀。压辊由主传动装置传动而公转，因为与平模上物料接触而自转，所以压制出的颗粒质量较好，较常见。

（三）压粒机的使用和维护

使用新的压粒机或新换的环模圈时应先加工一部分含油脂较高的饲料，使模孔得到一定的润滑，然后再加工一般物料。这样可延长环模圈的使用寿命。

压粒前在粉料中可滴加 4% 左右的水或蒸汽，有时也可加入不超过 3% 的油脂和不超过 10% 的糖蜜。

若压粒机需较长时间停歇时，则应在工作快结束时，加入油质粉料，或经油浸的锯木屑来充填模孔，以防生锈。

（四）冷却器

压粒机压出的颗粒饲料，温度为 75～85℃，湿度为 13%～17%，易碎且不宜立即贮存，所以需要有冷却器将其迅速冷却干燥，这就需要冷却器，而冷却也是饲料制粒后必不可少的一道工序。冷却器有立式、卧式和逆流式等几种。立式冷却器占地面积小，但高度较大；卧式冷却器占地面积较大，但高度低；逆流式冷却器兼有两者的优点。

1. 立式冷却器 就是重力式冷却器。结构见图 1-28。工作时，物料从进料斗进入冷却器两侧冷却室，在物料的作用下，冷却器外表的百叶窗式吸风门打开，在冷却器内吸风机的负压作用下，冷空气从百叶窗吸风门吸入，穿过物料夹层，经内筛进入吸风管道，带走物料的热量，冷却的物料在往复式排料器的作用下被排出。冷却后的物料颗粒允许高于室温 5℃，冷却器容量为 $1.3\sim2.3\text{m}^3$，高度为 $2.5\sim3.5\text{m}$。

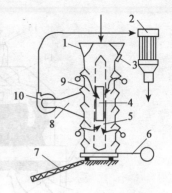

图 1-28　立式冷却器

1. 进料口　2. 除尘器
3. 料位控制开关　4. 吸
风口　5. 冷却器内筛
6. 排料连杆　7. 筛
8. 吸风管　9. 百叶
窗式吸风门　10. 风机

2. 逆流式冷却器 见图 1-29，刚从压粒机压出的湿热的颗粒料，由冷却器顶部的进料口进入，经料仓顶部的散料器，使颗粒饲料从前、后、左、右、中五路流入料仓。开始时，颗粒料在料仓中逐渐堆积，当饲料达到上料位开关时，排料电动机的电路接通，排料机构开始工作，当排料框与固定料框之间的缝隙达到一定程度时，颗粒料经排料框与固定料框之间的缝隙中排出。当排料量高于进料时，机内的颗粒料层逐渐下降直到下料位器时，电动机停止转动。排料停止，而进料继续进行，直到料层又接触到上料位器时，排料电机才开始工作。冷却器在冷却物料的过程中，风机是始终工作的，因为物料是从上向下流动，而冷空气是由下向上流动的，与物料流动的方向相反，并且冷风与冷料接触，热风与热料接触，使得颗粒逐渐冷却，所以这种冷却器为称为逆流式冷却器。逆流式冷却器避免了热料与冷风接触，骤冷干裂的现象发生，所以在大中型饲料厂颗粒料的冷却多采用这种冷却器。

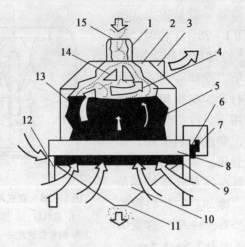

图 1 – 29　逆流式冷却器

1. 关风器　2. 出风顶盖　3. 出风管　4. 上料位器　5. 下料位器
6. 固定框调整装置　7. 偏心传动装置　8. 滑阀式排料机构　9. 进风口
10. 出料斗　11. 出料口　12. 机架　13. 冷却箱体　14. 散料器　15. 进料口

（五）碎粒机

为提高饲料压粒机的度电产量，在生产中，加工颗粒料时，往往选用模孔大较大的环模圈，再将冷却后的较大颗粒破碎成符合要求的小颗粒。饲料破碎机的结构与对辊式粉碎机相似，结构见图 1 – 30。

工作时，已冷却的大颗粒从破碎面的料斗进入碎粒机的两个轧辊间，受到轧辊的剪切、挤压等作用而破碎成较小的颗粒，从下面的出口排出（图 1 – 30a）。如果颗粒料不需要破碎，在工艺上也要经过碎粒机。只不过饲料是从轧辊的一侧流过，而两轧辊间的通道被关闭（图 1 – 30b）。

（六）分级筛

经碎粒的颗粒料，大小不一，导致产品的质量降低。分级筛的作用就是对破碎后的碎粒进行筛分，筛除过大和过小的颗粒，得到合格的颗粒。将不合格的大颗粒送回冷却器或直接送入碎粒机，过

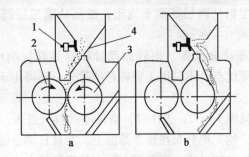

图 1－30　碎粒机结构及工作示意图

a. 工作状态　b. 旁流状态

1. 压力门　2. 快辊　3. 慢辊　4. 翻板

小的颗粒则返回重新压粒。

1. 往复振动分级筛　结构见图 1－31，主要由喂料机构、筛体、除尘装置、振动机构和机架组成。从进料口进入的物料，依靠进料压力门调节流量，由吸风口清除轻杂物后，均匀地流到筛体上，筛体在自动振动器的驱动下做往复运动。筛面倾斜放置，物料在振动作用下沿筛面流动，较大颗粒从第一层筛面流下，不合格的

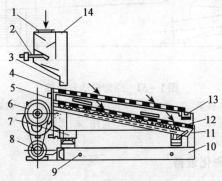

图 1－31　往复振动分级筛

1. 进料口　2. 进料压力门　3. 吸风道　4. 第一层筛面　5. 第二层筛面

6. 自动振动器　7. 弹簧减振器　8. 电动机　9. 吊装孔　10. 机架

11. 小杂流管　12. 橡皮球清理装置　13. 大杂流管　14. 吸风口

小颗粒和粉尘则从两层筛面下流出，成品从第二层筛面上（两筛之间）流出。

2. 回转振动分级筛　回转振动分级筛具有振动小、噪声低、筛分效率高等优点。不仅用于颗粒料的筛分，还可用于饲料原料的清理。

其结构见图 1 – 32，工作时，物料经进料口进入，在筛体圆周运动作用下，均匀地分布在整个筛面上，并且自动分级，料层下面的较小的物料迅速过筛，而筛面上较大粒度的较大物料向出料端运动。因为这种分级筛工作时，物料没有跳动和搅动，小颗粒始终紧贴筛面，保证了筛分效率。在筛理过程中，筛面下的弹性小球不断弹击筛面，清理筛孔，有效地防止筛孔堵塞，提高了筛理效率。

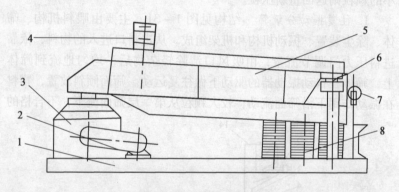

图 1 – 32　回转振动分级筛
1. 机架　2. 电动机　3. 传动箱　4. 进料口　5. 筛箱
6. 滑动轴承　7. 拉杆　8. 出料口

三、挤压膨化设备

（一）膨化饲料的特点

膨化饲料是将具有一定湿度的颗粒或粉状饲料，通过挤压膨化机加热、加水和加压，然后从模孔迅速排到大气中切断所形成的一种膨松多孔的颗粒饲料制品。这种饲料对于宠物、水生动物、水貂及实验动物等都适合。目前，利用挤压方法生产的各种类型的膨化水产饲料正在全世界迅速推广，在水产养殖中，饲料在水中的稳定性是十分重要的，特别对于那些在水底采食的动物。这种饲料的特点是：

（1）膨化饲料中的淀粉被糊化，改善了适口性，且吸水力强，容易消化。

（2）高温短时间的挤压加工可钝化抗营养因子并进行灭菌，可使饲料的营养损失达到最低限度。

（3）更换不同形状的出口模孔，可以制造出适合于各种动物所需要的不同形状的产品。

（4）膨化饲料具有发泡多孔性，比重小，能在水面漂浮一定时间，适合作鱼虾等饲料。

（二）挤压膨化设备

挤压膨化设备通常可分为单螺杆和双螺杆两种。单螺杆挤压机又可分为湿法或干法熟化挤压机和冷成形挤压机。

1. 单螺杆挤压膨化机　单螺杆挤压膨化机结构简单，能膨化黏稠状物料，出料稳定，不受供料波动的影响。多用于干法膨化（不加蒸汽）。湿法挤压膨化机配有预调质器和组合式螺筒。在水产饲料的加工中应用较多。饲料中含水量在22%～28%时，有较高的营养水平和较好的饲料外观质量，每小时生产能力可达12～15t。

2. 双螺杆挤压膨化机　双螺杆挤压膨化机用于湿法挤压（加蒸汽），很少用于动物饲料和宠物饲料业，一般用于水产饲料的生产。由于其投资大，运行成本高，所以只有那些具有较高附加值的水产饲料产品才用这种设备来进行加工。

第七节　饲料加工机组

配合饲料的生产多采用饲料加工机组，饲料加工机组就是将各种饲料加工设备按一定的生产程序和技术要求而形成的组合设备。它取决于产品类型、生产的规模和饲料的配方等。产品的类型主要是粉状配合饲料和颗粒饲料。前者所用设备有料仓、初清筛、粉碎机、配料仓、计量装置、混合机、成品仓和输送装置等；后者除了上述各设备外，还有压粒机、冷却器、碎粒机、分级筛和蒸汽锅炉等。

一、饲料加工设备的生产规模

饲料加工设备的生产规模通常用台时产量 Q（kg/h 或 T/h）或年班生产能力 N 来表示。年班生产能力 = 机组每年的工作时间 × 机组的台时公斤产量，通常机组每年取 250 个工作日，计算年班生产能力时，按每天工作 8h 计算，这样年班生产能力 N = 250 × 8 × Q = 2 000Q 吨/（年·班）。饲料厂的规模也是以年班生产能力来划分的。N ≥ 4 万吨/（年·班）为大型饲料加工厂；N 在 1 万 ~ 4 万吨/（年·班）为中型饲料加工厂；N ≤ 1 万吨/（年·班）为小型饲料加工厂；N < 0.3 万吨/（年·班）为饲料加工机组。

二、饲料加工的工艺流程

在饲料的生产过程中，因粉碎和配料的次序不同，形成先配料后粉碎工艺和先粉碎后配料工艺两种饲料加工工艺。饲料加工的工艺流程就是把各种原料通过各种机械设备加工为成品的全部过程。

（一）先配料后粉碎工艺

这种工艺按饲料配方的比例，将各种饲料用计量装置逐一计量，然后送入粉碎机粉碎，粉碎后的饲料进入混合机，与按比例加入混合机的预混料或微量元素一起混合成粉状配合饲料。

此工艺的特点是流程简单，设备少，能节省大量的配料仓，减少了土建投资。但粉碎机效率不能充分发挥，易受后续设备工作能力的影响。常用在小型饲料加工厂和加工机组。

（二）先粉碎后配料工艺

这种工艺先将原料仓中的粒状原料逐一粉碎，使其成为单一品种的粉状饲料分别进入各自的配料仓，不需要粉碎的粉料直接装入各自的配料仓，根据配方需要，将所需仓的饲料经配料仓下方的计量装置（电子秤）称量后，进入混合机混合。这种工艺的优点是：配料仓可起到缓冲仓的作用，使粉碎工段满负荷工作，降低了装机容量；粉碎机的工作效率得到充分发挥，但需配备相当数量的配料仓。我国大多数饲料厂多采用此种工艺。

三、饲料加工机组的选型

大型饲料厂技术力量雄厚，往往单独设计饲料加工机组，而中小型饲料厂、养殖户和乡镇企业多是选用合适的饲料加工机组。选用机组的依据是用途、规模和加工质量等因素。

（一）用途

机组的用途是指机组能加工的物料及产品的类型。因为加工产品的原料不同，机组中采用的主要设备也有所不同；产品有粉料和粒料两种类型。目前市场上销售的饲料加工机组，主要用来配制混合饲料和配合饲料。

（二）规模

饲料加工机组的生产规模通常用台时公斤产量或年班生产能力来表示。机组规模的确定要考虑下面两个问题：用户对饲料的需求量和机组的实际生产能力。

1. 用户对饲料的需求量 用户对饲料的需求量 Q 可以利用下式来估算：

$$Q = \beta / h \sum_{i=1} m_i G_i$$

式中，Q——用户对饲料的需求量，也就是机组应有的台时产量（kg/h）；

h——机组每昼夜实际工作时间，单班通常取 7~8h；

β——因停电、检修或其他原因停工而采用的贮备系数。推荐选值 β 1.2~2.0；

m_i—— 供应地区内某类畜禽的存栏数；

Gi—— 某类畜禽所需的日粮定额。一般情况下，鸡取值0.125kg/d，猪取值2kg/d。

2. 机组的实际生产能力　在机组的说明书上所标示的是机组的名义生产率 Q_m，与机组的实际生产能力 Q_c 常有较大的差异。用户可以根据机组的名义生产率和筛孔尺寸，来估算机组的实际生产能力。

$$Q_c \approx Q_m \left(\frac{d_c}{d_m} \right)^{\frac{1}{2}}$$

式中，下标 m 为说明书标涵的参数；

　　　　下标 c 为实际生产的参数。

选用机组的实际生产能力 Q_c 应等于或大于计算出的用户对饲料的需求量 Q。

（三）加工质量

影响机组加工产品质量的显著因素有：

1. 纯度　机组清理设备越完善，有效，加工的产品纯度越高。

2. 粉碎粒度　机组粉碎后产品的粒度及均匀程度，不仅影响喂饲效果，而且对粉碎后续工序的质量影响很大。

3. 配料精度　机组应保证配方的配比。在配方中所占份额越小的组分，对配料精度的要求越高。

4. 混合均匀度　饲料产品的混合均匀度变异系数（CV）不大于10%时，认为是合格的；不大于5%时，认为是良好的。

5. 残留量　在混合机里有残留物料时，即影响了这一批物料的产品质量，也会对后一批物料产生污染，影响产品配比。卧式混合机的残留率相对较小，在0.1%～2.6%之间。

6. 布袋粉尘量　机组加工饲料的过程中，每一环节都与除尘系统相连，除尘布袋的粉尘量过多，不仅清理麻烦，浪费原料，而且会改变饲料各组分的配比。要求布袋粉尘量越小越好。

四、饲料加工机组举例

（一）时产 1t 的饲料加工机组

图 1-33 所示为 9ST-1 型机组，粒料由倾斜的搅龙从地坑提升到中间料箱，经过磁选后进入 9FQ-50B 型粉碎机粉碎，粉料由粉碎机的风机吹送至旋风分离器，沉降在主料箱中，副料人工加入到副料箱，两部分物料由横向搅龙进入立式混合机混合，混合好的饲料从混合机出口卸出并装袋。

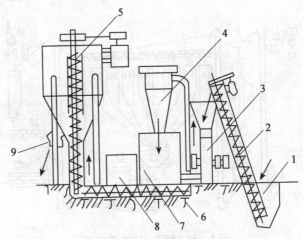

图 1-33　9ST-1 型机组

1. 地坑　2. 搅龙　3. 粉碎机　4. 旋风分离器　5. 立式混合机
6. 横向搅龙　7. 主料箱　8. 副料箱　9. 出料口

9ST-1 型的机组在畜牧场比较常见，它采用的是先配料后粉碎工艺。主料和副料入机前都需要人工分批称重，再送入粉碎机和混合机。机组中用的是立式混合机，因其混合效率低，产品质量差，在一些饲料厂，多以卧式混合机为主，如螺带式混合机、双轴桨叶式混合机等。

（二）时产 2.5t 的饲料加工机组

如图 1 – 34 所示，该机组可满足万头猪、10 万只蛋鸡或 3 000
头奶牛的配合饲料需要。采用了先粉碎后配料工艺，这种工艺更换
配方和配比都比较容易，粉碎机不受后面设备生产能力的限制，利
用率和效率比较高；设备布置紧凑合理，占地面积小；全部生产过
程在中央控制室的模拟屏上显示，由控制室人员集中操作，统一指
挥生产；还可以在各部位手动单机控制。适用于中型饲料生产厂家
使用。

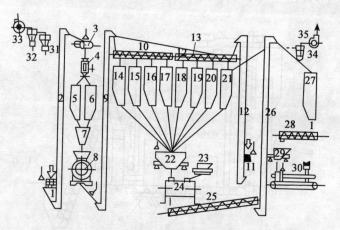

图 1 – 34　9ST – 2500 型机组

　1. 粒料坑　2、9、12、26. 提升机　3. 初清筛　4. 永磁筒　5、6. 缓冲仓
　7. 位料器　8. 粉碎机　10、13、25、28. 螺旋输送机　11. 粉料坑
　14～21. 配料仓　22. 电子秤　23. 小台秤　24. 混合机　27. 成品仓
　29. 定量秤　30. 缝包机　31、32、34. 分离筒　33、35. 风机

该机组由原料清理与粉碎、配料混合和成品包装三个工段组
成，物料的各种流向路线都设有去铁装置。主要设备选用国内的定
型产品。例如采用电子秤来自动配料，计量精确，工作可靠且效
率高。

第八节　饲草切碎机

青、粗饲料在反刍家畜饲养中占有重要地位，约占饲料总量的60%～70%，不论是青饲、青贮都要进行切碎加工。将各种秸秆类饲料切成碎段的机械，称为饲草切碎机。饲草切碎机是我国广大农村和农牧场应用较多，发展较快的一种机械。饲草切碎机按机型大小可分为小型、中型和大型三种。小型饲草切碎机常称为铡草机，体积小，重量轻，机动灵活，在农村中应用很广，主要用来铡切谷草、稻草、青饲料和干草。大型饲草切碎机常用在养牛场，主要用来铡切青贮料。按切碎部分的形式又可分为滚筒式和圆盘式两种，大、中型饲草切碎机一般为圆盘式，小型铡草机以滚筒式为多。

一、滚筒式饲草切碎机

（一）一般构造和工作过程

滚筒式饲草切碎机的结构见图1－35，由上喂入辊、下喂入辊、定刀片、切碎滚筒（有的机器设有风扇）等组成。工作时，上下喂入辊以相反方向转动，草料被压紧送入，由滚筒上的动刀片配合定刀片将草料切成碎段，从排出槽排出，或从风扇吹到指定地点。

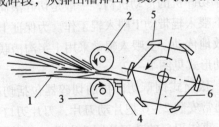

图1－35　滚筒式饲草切碎机
1. 饲草　2. 上喂入辊　3. 下喂入辊
4. 定刀片　5. 动刀片　6. 切碎滚筒

（二）主要工作部件

1. 喂入辊 喂入辊主要用来将草料以一定的速度送入切碎机。对喂入辊的要求是：（1）为便于切割，要求上下喂入辊有一定的压紧力；（2）为防止饲草被动力拉出形成长草，要求喂入辊表面有齿或沟槽；（3）为适应喂入量的变化，要求上喂入辊能上下浮动，且其压紧力能随喂入量的变化而变化，也就是说，当喂入量增加时，压紧力要求也相应增大。

喂入辊一般由 HT150 铸成，直径为 80～160mm，形状有棘齿形和沟槽形两种。为适应饲草层厚度的变化，且保证对饲草产生一定的压紧力，上喂入辊轴承与弓形架相连，压紧机构见图 1－36。

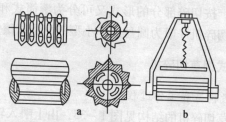

图 1－36 喂入辊

a. 喂入辊的形状 b. 喂入辊的压紧机构

滚筒式饲草切碎机的传动机构，一般是切碎滚筒用齿轮带动下喂入辊，再由下喂入辊带动上喂入辊工作。为保证上喂入辊能上下移动，又能有效地传动，上喂入辊常采用十字沟槽联轴节或组合齿轮式传动。传动形式见图 1－37。

2. 切碎器 滚筒式饲草切碎机的切碎器包括切碎滚筒和定刀片。切碎滚筒通常安装 2～6 把片动刀片，刀片刃口分螺旋刃口和直线刃口两种。直线刃口的动刀片制造容易，为使铡切省力，常倾斜安装，常用于小型铡草机上。定刀片刃口也是直线形，为保持一致的切割间隙和负荷均匀，定刀片刃口线与滚筒的回转轴线是不平行的。

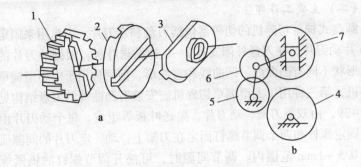

图1－37　上喂入辊的传动形式

a. 十字沟槽联轴节式　b. 组合齿轮式

1. 齿轮　2. 十字滑槽圆盘　3. 从动联轴节端盘

4. 下喂入辊齿轮　5、6. 中间游动齿轮　7. 上喂入辊齿轮

二、圆盘式饲草切碎机

（一）一般构造和工作过程

圆盘式饲草切碎机在构造上与滚筒式相似，喂入部分多了一个链板式输送器，见图1－38。工作时，草料放在链式输送器上送向喂入辊，喂入辊将草料压紧卷入，由动刀片配合定刀片把饲草切成碎段。再被抛送叶板抛送到贮存地点。

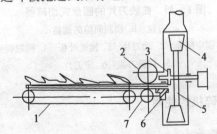

图1－38　圆盘式饲草切碎机

1. 链板式输送器　2. 上喂入辊　3. 动刀片　4. 抛送叶板

5. 刀盘　6. 定刀片　7. 下喂入辊

（二）主要工作部件

圆盘式饲草切碎机的切碎器包括刀盘和定刀片。刀盘用来固定 2~3 片动刀片，在刀盘外侧安有 2~6 片抛送叶板。根据动刀片的刃口形状不同有凸曲线、凹曲线和直线形，前两种用于中小型饲草切碎机，第三种用于大型饲草切碎机。安装有凸曲线的刀盘结构见图 1-39，由双翼刀架、动刀片、抛送叶板等组成。每个动刀片由三个固定螺栓和四个调节螺钉固定在刀架上。动、定刀片的间隙通常在 0.5~1mm 范围内。调节间隙时，可松开调节螺钉的锁紧螺帽，拧松调节螺钉，调整到适合的间隙。

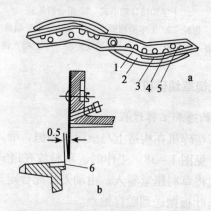

图 1-39　曲线刀片的圆盘式切碎器

a. 刀盘　b. 切割间隙的调整

1. 凸刀片固定螺栓　2. 动刀片　3. 抛送叶板　4. 间隙调整螺钉

5. 双翼刀架　6. 定刀片

三、饲草切碎机的使用

（一）工作前安装

固定式小型饲草切碎机固定在混凝土地基或木质基座上。电动机与切碎机中心距约为 1.2~1.4m；移动式大中型饲草切碎机切碎青贮饲料时，应将轮子一半埋入土中。电动机与切碎机中心距约 3～6m。

（二）使用前的检查与调整

1. 常规检查　工作前应检查机器状态是否良好，各部位螺丝是否松动，润滑是否良好。

2. 切割间隙的检查调整　动刀片和定刀片之间的间隙为切割间隙。一般小型饲草切碎机要求切割间隙为 0.2～0.4mm，中型饲草切碎机为 0.5～1mm，大型饲草切碎机铡切细软茎秆时间隙0.5mm，铡切粗硬茎秆时为 1～2mm。

3. 饲草切割长度的检查　根据饲养要求调整饲草的切碎段长度，通过更换调节不同齿数的齿轮，改变喂入速度，可以改变饲草的切碎段长度。

4. 刀片刃口磨锐程度的检查　定期检查并磨锐刀片，一般要求刃线厚度保持在 0.2～0.3mm 之间。通常每铡切草料 10 000kg，磨锐刀片一次，定刀片也应定期磨锐。

（三）启动和工作

用手先试转切碎器，再将离合器分离，启动电动机，空转 2～3min 等机器正常运转后，接合离合器，开始喂料。要注意喂料均匀，并避免有坚硬的物质进入机器内部，工作时若堵塞，应操纵离合器使喂入部分倒转一下，堵塞严重时，应停机清理，严禁不停机进行清理。

工作人员应穿紧袖服装。

工作结束时，应先停止喂料再停机，并进行清理。

（四）维护保养

轴承部分每班加一次润滑油，十字沟槽联轴节每两小时用机油润滑一次，并定期清洗主轴承和传动齿轮箱，更换润滑油。

复习思考题

名词：风机、配料、混合、工艺流程

1. 饲料输送设备有哪些类型？其工作方式有哪些？各有何

特点？

2. 饲料清理的目的是什么？常用的清理设备有哪些？

3. 简述锤片粉碎机的构造和工作过程。

4. 影响粉碎质量的因素有哪些？怎样改变饲料的细碎度？

5. 配料工艺有哪几种？各有何特点？

6. 简述混合机的类型及特点？并说明影响混合质量的因素？

7. 饲料制粒机由哪几部分组成？说明饲料制粒的工艺流程及所需机械设备的种类？

8. 简述饲料加工的工艺流程的种类和特点？如何选用合适的饲料加工机组？

9. 饲草切碎机的构造由哪些部分组成？对喂入机构的要求是什么？怎样改变饲草的切碎段长度？

10. 饲料厂的年班生产能力怎样计算？

第二章　畜禽饲养管理机械

随着畜禽规模化养殖业的发展，在畜禽饲养管理方面的工作量越来越大，采用适宜的机械设备来完成某些作业，可以明显地提高劳动生产率、减轻劳动强度，提高畜产品的产量和质量。目前养鸡机械设备用得较多，养猪机械设备、养牛机械设备也有一定的应用，其他畜禽用得较少。

第一节　孵化设备

孵化是禽类生产中的最关键的技术环节，孵化设备的性能直接影响着孵化生产的性能和经济效益，只有选择性能优良、质量可靠的孵化设备，才能充分发挥现代孵化设备的优势，更好地为禽类生产服务。

一、孵化设备的类型

孵化设备主要包括孵化机、出雏机和配套设备。孵化机的类型很多，按容蛋量（以鸡蛋为例）分为小型、中型和大型。小型孵化机一般为 1 万枚以下，有的为孵化、出雏一体机，主要用于科研、教学、生物技术、动物园等。中型孵化机一般为 1 万 ~ 5 万枚，箱式立体蛋架车式孵化机是目前生产中使用最多的机型，具有代表的是 16800 型和 19200 型孵化机。大型孵化机一般为 5 万枚以上，为箱式巷道式孵化机，比较有代表的机型是 XD90720 型孵化机。孵化机和出雏机单独使用。

（一）箱式立体蛋架车式孵化机

该机型主要有模糊电脑控制和智能汉显两种。模糊电脑控制孵化机的特点是采用模糊控制技术，自动控温、控湿、定时自动翻蛋和多种报警功能，又有导电表作为第二套控温电路，切实保证孵化的安全。智能汉显孵化机具有存贮记忆功能，可以根据不同季节不同禽类，合理确定在不同孵化时期的孵化参数，并记忆（一般2小时记一次）孵化参数。其结构见图2－1。

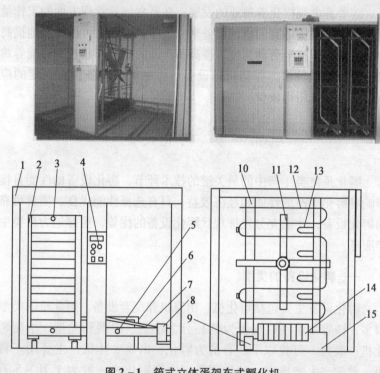

图2－1　箱式立体蛋架车式孵化机

1. 箱体　2. 蛋架车　3. 销轴　4. 电器控制盘　5. 销孔　6. 双摇杆机构

7. 曲柄摇杆机构　8. 减速器　9. 泵　10. 支架　11. 风扇　12. 冷却水管

13. 加热管　14. 加湿器　15. 水盘

（二）箱式巷道式孵化机

该机型适合大型孵化厂使用，孵化机容蛋量为7万～16万枚，出雏机容蛋量为1.3万～2.7万枚。三天或四天入孵一批，落盘一批，在出雏机内出雏。该机由于利用了孵化后期胚胎产生的热量，所以节省电能，与同容量孵化机相比，可节省电能50%以上，其结构见图2-2。电热管的功率一般为7.5kW，6台250W轴流风机使进入机内的空气加热并吹向前方，通过喷头的水雾加湿，翻蛋采用空气压缩机产生的压缩空气为动力，通过各台蛋车的气缸动作。因此，巷道式孵化机具有节能、节省劳动力，节省占地面积，孵化量大，操作方便等优点。

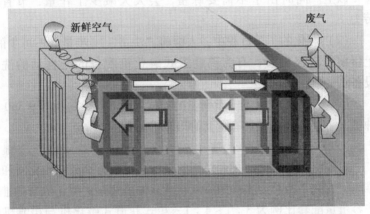

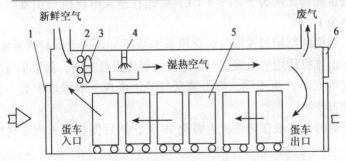

图2-2　巷道式孵化机结构与气流循环示意图

1. 机门　2. 加热管　3. 轴流风机　4. 加湿喷头　5. 蛋架车　6. 电气控制柜

鸭巷道式孵化机的工作原理与鸡巷道式孵化机基本相同，具有鸡巷道机的全部优点。只是鸭巷道式孵化机在长度上比鸡巷道式孵化机要短，其左右共8辆蛋车，有4台风扇电机。

由于鸡鸭的孵化工艺不同，鸭巷道式机与箱体式鸭孵化机相比具有以下特点：

（1）孵化过程中不需要晾蛋。由于不需要晾蛋，减少了重复升温的能耗；同时利用后期种蛋的自发热提供给新入孵的种蛋，充分利用了种蛋本身的生物能。因此，与箱体式鸭孵化机相比可节能80%以上。同时由于不需要晾蛋，会大大减少工作量，节省了劳力。

（2）孵化的工艺过程中，入孵前"洗蛋"一步是必不可少的。上蛋前要洗涤种蛋，有为鸭巷道式孵化机配备的全自动的洗蛋设备。

（3）采用每7天上一批新蛋的连续入孵方式，每批共9 360枚种蛋，一共4批。并具有配套的出雏机。

（三）出雏机

出雏机是与孵化机配套使用的设备，可以分别放在孵化间和出雏间，有利于孵化卫生和防疫。箱式立体蛋架车式孵化机与出雏机按容蛋量配套比例为3：1~4：1，箱式巷道式孵化机与出雏机配套比例为1：1。

出雏机的结构和性能与孵化机基本相同，只是没有翻蛋系统。另外，出雏机使用的出雏盘与孵化机的孵化蛋盘不同，蛋架车与出雏车（平底车）也不同。但出雏盘与孵化蛋盘一般可以配套，倒盘非常方便。

鸡的孵化一般在孵化机内孵化19天，然后倒盘转入出雏机内出雏。

二、对孵化机的要求

孵化过程要经过种蛋的选择、摆盘、预热、入孵、消毒、孵化、照蛋、倒盘、出雏和清洗消毒等操作。孵化的条件有温度、通风、翻蛋、湿度等，对孵化机的要求是：

（一）自动控温、温度均匀

一般要求控温精度为 ±0.2℃，机内各点温差不超过 0.4℃。温度是孵化的最重要参数，温度对孵化率和健雏率影响最大。分批入孵采用恒温 37.8℃ 孵化，整入整出采用前高后低的变温孵化。现代孵化设备都采用数字显示温度，但显示值有偏移现象，使用中要注意用门表上的精密温度计校正。

（二）通风合理、换气及时

孵化机的通风换气是通过进排气风门和风扇共同进行的。孵化期间每枚胚蛋应有 0.002~0.01m³/h 的通风量，出雏期间每枚胚蛋应有 0.004~0.015m³/h 的通风量，使机内空气新鲜，CO_2 含量不得超过 0.5%，否则风门过小影响孵化效果，过大浪费电能。

（三）定时翻蛋、角度要够

一般每隔 1~2.5h 翻蛋一次，翻蛋角度：鸡蛋 45°±2°，鸭蛋 50°±2°，鹅蛋 55°±2°，倒盘后到出雏机内不用翻蛋。

（四）自动控湿、湿度适宜

一般要求孵化期间相对湿度为 53%~60%，出雏期间相对湿度为 65%~70%，误差不超过 3%。湿度一般与温度联动控制，即温度不够不加湿。

以上四个条件是孵化的必要条件，也是对孵化率有影响的重要因素，其影响的程度按此排序。

为保证正常的孵化，除对孵化机提出要求外，孵化间也要保持一定的温度、湿度和通风换气条件。

孵化机的主要技术指标：

控温范围：35~39℃　　控温精度：±0.1℃　　温度显示分辨率：0.01℃

控湿范围：40%~80%　　湿度显示精度：1%RH

孵化后期机内 CO_2 含量：<0.15%

三、孵化机的结构

孵化机的结构由箱体、蛋架车与蛋盘、翻蛋机构、风扇、进排气风门、加温系统、加湿机构、控制系统等组成。

（一）箱体

目前主要采用彩塑钢板夹带聚苯乙烯泡沫塑料的夹心板或采用玻璃钢板和聚氨酯发泡塑料做成、用铝合金框架连接，实现了装配式结构，便于装拆、搬运，机门边框采用胶条密封，门把手带动门锁机构锁紧。具有外观精美、制造工艺简单、保温性能良好、易于清洗消毒等优点。

机底为角钢焊接和螺纹连接，由于机底经常与水接触，容易腐蚀。因此，现在有的厂家机底采用热镀锌处理，提高了防腐性。

（二）蛋架车与蛋盘

蛋架车一般采用型钢焊接而成（图 2 - 3 左），每个蛋架车装蛋量 0.5 万枚左右。通过机底的滑道推进孵化机进行孵化，并插入车轮的定位销定位，蛋架车定位的同时把锁定销退出（图 2 - 3 右为退出状态），由翻蛋机构带动翻转，使蛋架车进出方便，提高了工作效率。锁定销的作用是拉出蛋架车时，必须使蛋架处于水平位置，并由锁定销锁定，避免蛋架自由转动。蛋盘主要采用塑料蛋盘，鸡蛋盘有 36、72、150 枚等规格，其他禽类孵化机只是蛋盘外形大小与鸡蛋盘相同，每盘容蛋量不同。另外，蛋架车每层间距也不同，其他结构和控制系统都相同。

（三）翻蛋机构

翻蛋的主要作用是防止胚胎粘连、调节胚蛋受热温度、加强胚胎运动，因此，对翻蛋机构要求平稳慢速翻转，翻蛋机构（见图 2 - 4）由电动机通过皮带传动减速，带动蜗轮蜗杆减速器，然后通过传动杆带动另一个蜗轮蜗杆传动减速，蜗轮通过曲柄摇杆机构带动摇杆做往复摆动，有通过平行双连杆机构的连杆带动四台蛋架车翻蛋。

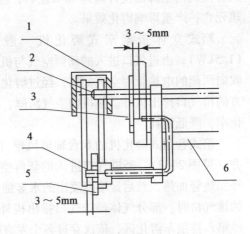

图 2 - 3　蛋架车与锁定销

1. 固定杆　2. 蛋架车定位销　3. 锁定销　4. 翻蛋销轴　5. 连杆　6. 蛋车车架

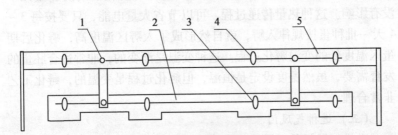

图 2 - 4　翻蛋机构

1. 销轴　2. 连杆　3. 翻蛋销孔　4. 蛋架车定位销孔　5. 固定杆

（四）风扇

风扇的主要作用是把电热管发出的热量，通过风扇的强制对流，使机内温度均匀，并把加湿水轮蒸发出来的水分均匀分散到整个空间。风扇的另一个作用是与进排气口的风门配合组成通风换气系统。因此，大风扇应该24h运转，才能发挥以上作用。大风扇停转，机内的温度变化最大，特别在孵化后期，由于胚胎产生的代谢热会使机内上部温度升高到40℃左右，经过2h就会造成胚胎因过热死亡，严重影响孵化效果。

箱式立体蛋架车式孵化机一般采用中间设置大风扇（1.5kW），由进气口进入的新鲜空气与机内空气混合，经8个风叶吹向两侧的电热管对空气加热，经过孵化区后，部分气体通过后上方的排气口排出机外。使机内空气新鲜，降低温度场极差，提高孵化率，降低能耗。

箱式巷道式孵化机的6台轴流风扇（250W）位于孵化机的上方（见图2-2），经进气口进入的新鲜空气，与机内空气混合后，经加热管加热，然后经喷嘴喷出的水雾加湿，湿热空气到达后上方的排气口时，部分气体经排气口排出机外，多数空气转折向下方，经第六排蛋车孵化区，依次穿过各个发育时期的胚蛋，回到风扇后部的负压区。这种循环方式，可以把孵化后期胚蛋呼出的CO_2和代谢热量带走，而带走CO_2和代谢热量却对孵化前期的胚蛋几乎没有影响。这种热量传递过程，可以节省大量电能，只要按每3~4天一批种蛋按规律入孵，就自然形成了入孵区温度高，孵化后期蛋区温度低的变温孵化过程。这种变温是渐变的，非常适合胚蛋的发育需要，虽然温度设定是恒温，但孵化过程是变温的，孵化工艺非常合理。

（五）进排气风门

进排气风门是通风换气系统的重要部件，其控制原则是随着胚龄的增加，风门逐渐开大，季节不同、装蛋量不同，要求风门开度也不同。目前尽管许多生产厂家采用了电脑模糊控制，但还要人工设定风门开度，出现高温报警情况时才能自动调节风门开度到最大位置，报警停止后，风门又恢复到原来设定的位置。因此，要根据孵化经验，合理确定风门开度，风门开小影响孵化效果，开大风门浪费电能。

（六）加温系统

温度控制系统由温度传感器（进口 AD590）、控温仪表和执行设备组成，孵化机的加温方法主要通过电热管或水加温设备对机内加温。16800 型或 19200 型孵化机一般采用 8 根 500W 的电热管加温，该电热管为细长 U 形电热管，散热面积大，热惯性小，发出的热量通过大风扇均温，由电脑芯片和模糊控制电路进行脉冲控制，控温精度可达到 ±0.1℃。水加温设备是采用热水在散热水管内流动，通过控温仪表控制加温，但水温要求在一定的温度范围内才能达到孵化要求，水温过高过低效果都不好，但可以节省电能 50% 左右。

（七）加湿机构

胚蛋只能利用空气中的自然湿度。而机器孵化因需要均温，使机内风速大，散失水分多，所以必须增加空气中的湿度，减少胚蛋水分的散失。

加湿的方法，主要有蒸发法、喷雾法、加热法等。箱体式孵化机采用水轮转动增加蒸发面积的方法进行加湿，由湿度传感器（进口湿敏电容器）、控湿仪表通过模糊电脑进行控制，其结构见图 2－5，湿度没达到设定湿度时，启动加湿电动机，通过皮带传

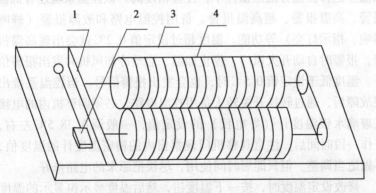

图 2－5　水轮式加湿器
1. 托架　2. 浮球阀　3. 水盘　4. 加湿水轮

动、蜗轮蜗杆减速器带动水轮（200 片左右）在水盘内转动，水轮表面带水，经大风扇吹过使水分加速蒸发，机内湿度增加，达到设定湿度时电动机停止转动，停止加湿。这种加湿方法加湿量大，对温度影响小。但在出雏机内出雏时因绒毛积于塑料圆盘之间，加大负荷，减少蒸发面积。因此，出雏后要及时清洗，转轴处要加注润滑油。

巷道式孵化机采用喷雾法，因水中水垢和杂质等影响，喷嘴易堵塞，所以要求配置一套水处理设备，才能保证加湿机构的正常运行。

（八）控制系统

控制系统是孵化机的控制中心，温度、湿度、翻蛋、风门、各种报警等控制，都是由电脑芯片的软件进行调控，通过各个执行设备完成不同的任务。

1. 温度控制系统　现代孵化机的温度控制系统多数采用脉冲控制方法，温度控制与大风扇联动控制。按下风扇开关，大风扇运转，加温系统才能工作，开始加温时，电热管全功率加热，机内温度接近设定值时，开始进入脉冲控制加热状态，直到设定值时停止加温。这种控温方法热惯性小，控温精度高。该控温系统还有低温报警、高温报警、超高温报警、备用控温电路和故障报警（蜂鸣器响、指示灯亮）等功能。温度超过设定值 0.2℃就会出现高温报警，报警时自动开大风门、停止加温、启动冷却风机并发出报警信号。温度低于设定值 0.5℃时，也会发出报警信号。当控温系统出现故障后，通过转换开关转入备用控温电路，必须调整机内的电接点玻璃水银温度计（导电仪）的设定值，一般调在 38.5℃左右，工作一段时间后，注意观察机门观察窗内的精密温度计的温度值，再做适当调整。但只能短时间使用，尽快把原来的电路修好。

修改设定温度时，按一下温度钮，然后温度显示窗显示的温度值发生闪动，按一下 + 钮，设定温度值增加 0.01℃，连续按钮，设定温度值连续增加，直到所需的温度值时，再按一下温度钮，温

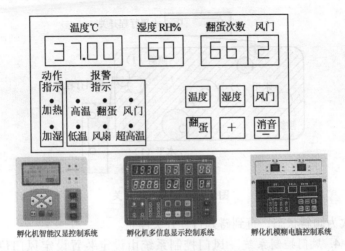

图 2 - 6　孵化机控制系统图

度显示实际测量值，即可按设定的温度进行控制。

　　2. 湿度控制系统　湿度控制系统与温度控制系统也是联动控制，开始加温时因温度没达到设定值，湿度控制系统不加湿，以免影响温度。湿度控制系统也有低湿报警、高湿报警和故障报警的功能。当温度达到设定值时，如果湿度没达到设定值，湿度控制系统发出加湿信号，电动机通过减速器带动加湿水轮转动，大风扇吹动水轮表面蒸发，使机内湿度增加，到湿度设定值时，加湿水轮停止转动。

　　3. 翻蛋控制系统　翻蛋控制有手动控制和自动控制功能并显示翻蛋次数。合上电源后，翻蛋系统自动检测运转一次，直到翻转到倾斜45°碰到行程开关停止（图 2 - 7）。然后开始计时，一般设定的时间为2h，到时间后开始下一次翻蛋，计数器增加一次。手动翻蛋开关有水平状态和倾斜状态，按到水平状态蛋架翻转到水平位置停止，便于入蛋、照蛋、倒盘等操作。操作完毕再按一下翻蛋开关，蛋架翻转到倾斜状态停止，进入自动控制状态。模糊电脑控制系统和汉显智能控制系统的翻蛋按钮，按一次为水平状态，再按

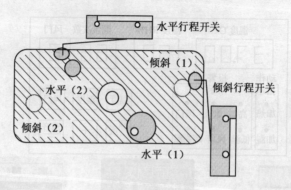

图2-7　翻蛋行程开关

一次为倾斜状态，直到碰到行程开关停止。

4. 风门控制系统　风门控制系统由设定装置设定风门位置，然后风门自动运转到设定位置后停止。风门有翻转式和移动式两种，一般只控制进风口的大小。如果出现故障会发出报警信号。孵化机在运转过程中要经常检查风门的实际位置，否则对孵化效果有较大影响。

5. 报警功能　各部分出现故障后都会报警，模糊电脑孵化机用指示灯和报警器报警，智能汉显孵化机用汉字显示出哪部分有故障，并发出报警信号。近年许多厂家生产的产品又增加了停电报警、缺相报警等功能。

四、孵化机的使用

（一）对孵化室的要求

要求孵化室的最佳环境温度20～27℃，低于15℃要采取加温措施，高于27℃要采取降温措施。环境湿度50%～80%，电源三相五线制（三根相线、中线和保护地线），变压器功率要满足孵化机（6kW/台）的需要，供水水压0.3～0.5MPa，地面平整，并有排水沟便于冲洗机器。要有良好的通风换气条件，孵化机排出的废气要排至室外。

孵化机安装后，要通电试运转，检查温度、湿度、翻蛋、风门、各种报警等控制系统工作是否正常，并校正温度、湿度值。检查翻蛋位置、风门位置是否到位，必要时调整。运转 1~2 天后，一切正常就可正式入孵。

（二）使用中要注意的问题

根据季节、孵化量、恒温孵化、变温孵化合理设定孵化温度、湿度和风门位置，并用门表精密温度计校正温度。

随着孵化胚龄的增加，应适当开启进排气风门。

要注意加湿系统的水盘内不能断水，否则加湿器转动湿度达不到要求。

停电时先要打开孵化机门，放出机内热气，对新入孵胚蛋要关门保温，对孵化后期胚蛋要防止超温，半小时就要检查一次。发电时一定要注意先断开所有孵化机的总开关，发电机电压稳定后，逐台启动孵化机，并要调整柴油机的油门，避免电压过高或过低烧坏电器。

（三）维修与保养

每孵化一批（或出雏）后，要对孵化机（出雏机）进行彻底清洗消毒一次。然后检查机械部件有无松动、卡碰现象，减速器内润滑油情况，大风扇皮带的松紧情况，翻蛋机构的蜗轮蜗杆处润滑油情况，必要时添加或调整。

每运转一年后要更换风扇电动机的轴承，还要有备用电动机、皮带和其他备件。

第二节　育雏设备

育雏也是禽类生产中的关键环节之一，育雏效果直接影响到禽类后期的生长，也影响禽类的生产性能与经济效益。随着育雏方式的不同，所用育雏设备的种类也不同。

一、育雏设备的类型与特点

目前,育雏工艺有立体育雏和平养育雏两种。平养育雏又分为地面垫料育雏和网上育雏。立体育雏设备常用的是电热育雏器,主要用于饲养 1~42 日龄的蛋鸡雏和 1~21 日龄的肉鸡雏。其特点是结构简单,操作方便,雏鸡生长良好,成活率高,热能浪费少,耗电量低,占地面积小,经济效益高。

平养育雏近年来网上育雏发展得很好,除鸡的育雏外,还可以应用其他禽类的育雏。其特点是雏禽不与粪便接触,卫生条件好,饲养管理方便。平养育雏设备有电热式育雏伞和燃气式育雏伞。还有采用火墙、火炉、锯末炉、热风炉等加温设施。

二、电热育雏器

电热育雏器每组设备由一组加热笼、一组保温笼和四组活动笼组成(见图 2-8)。各笼组都是独立结构,各层平面相通,可以进行各部分的组合,如在温度高或全室加温的地方,可以只使用活动笼组,适应性好。该设备采用四层叠式结构,每层高 333mm,人

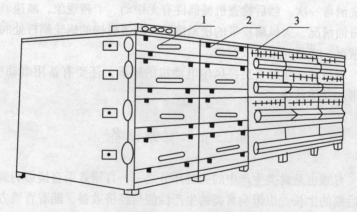

图 2-8 电热育雏器
1. 加热笼组 2. 保温笼组 3. 活动笼组

工喂料、加水、清粪，每组笼备有食槽 40 个，真空式饮水器 12 个，加湿水槽 4 个，红外线加热器总功率 2kW。外形尺寸 4 404mm×1 396mm×1 725mm，可育 1～15 日龄雏鸡 1 600～1 400 只，16～30 日龄雏鸡 1 200～1 000 只，31～42 日龄雏鸡 800～700 只。

（一）电热育雏器的构造

1. 加热笼组　每层笼内装有 250～350W 红外线加热器，底层粪盘下部加装一个加热器，用多路控温智能仪通过感温探头分别控温，控温范围 20～40℃，控温精度 ≤ ±0.5℃。

每笼内还有照明灯和加湿水槽各一个，该笼组除一面与保温笼组相接外，其他三面都采用保温材料，以防热量散失，两边侧门上设有观察窗和可调式通气孔。底部采用底网，网孔尺寸 φ1. 2mm×14mm×14mm，以使鸡粪漏入集粪盘内，集粪盘为玻璃钢或塑料制成，不易腐蚀，尺寸 φ690mm×690mm。

2. 保温笼组　该笼组必须与加热笼组连接配套使用，与雏鸡活动笼组连接的一面有帆布帘，便于保温，也便于雏鸡自由出入。

3. 活动笼组　该笼组是雏鸡自由活动的场所，主要放有食槽、饮水器、各面均由钢丝点焊成的网格笼门组成，并且可以拆卸和调整，底部设有底网和集粪盘。

目前，许多养殖专业户也采用 2～4 层的活动笼组进行育雏，育雏室内用自动控温型锯末炉或铁炉子加温，成本低，使用方便。

（二）电热育雏器的安装与使用

1. 安装　安装时各笼组间拼接时，拼缝不得超过 3mm。活动笼组的前后、左右角钢组装后，要与底座平面垂直。食槽挂在活动笼笼门外边。每层笼内放 3 个真空式饮水器。

2. 使用与操作　①要经常检查笼内温度，以便随时调整控温仪，以满足不同日龄雏鸡的生长需要，但育雏室内温度要高于

18℃。②从观察孔随时观察雏鸡的活动情况，随着鸡龄的增长，调整育雏器的容鸡量，防止雏鸡过度拥挤。③通过风门调整笼内温度、湿度、空气。为保证笼内湿度，加湿水槽不能断水。④雏鸡在7日龄内，可在底网上铺报纸或用开食盘供鸡采食，以后可以用食槽供料。在停止加温后，可取下侧门，安装侧网，加装食槽。⑤在1~2周龄时，使用真空式饮水器供水，增加侧网和食槽后可增加水槽供水。⑥为了适应中小雏鸡的饲养，可以调节侧网上的挡板，便于雏鸡采食，并可防止跑鸡。还要定期打开小门，清除鸡粪。⑦使用前要进行全面检查，电器部分的开关是否灵活可靠，控温仪、加热器、指示灯、照明灯是否正常。

三、育雏保温伞

平养育雏可以育雏鸡、雏鸭、雏鹅等禽类，近年网上育雏发展很快，有电热育雏伞和燃气育雏伞两类。

（一）电热育雏伞

电热育雏伞（图2-9）的伞体可以用玻璃钢、塑料、纤维板等材料制成，伞内装有红外线加热器、照明灯泡、温度传感器等，伞外用一围栏把雏围住，伞外围栏内可以放置食盘、饮水器等，下部的塑料网使雏产下的粪便漏下，不与粪便接触，减少得病的机会。随着日龄的增加，逐渐调节育雏温度或调整育雏伞的高度，并要注意调整育雏伞的容雏量，避免密度过大。电热育雏伞适合育雏量（≤3 000只）不大的场所。

（二）燃气育雏伞

在天然气或煤气充足的地区，可以使用燃气育雏伞（图2-10）。有从下向上燃烧的，也有从上向下辐射的。伞内温度靠调节燃气量和伞体高度来实现。育雏时要注意通风换气，周边不要存放易燃品。

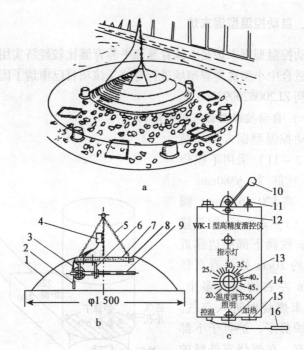

图 2 - 9　电热育雏伞

a. 育雏伞和围护板　b. 电热育雏伞　c. 控温仪

1. 玻璃钢伞体　2. 温度探头　3. 灯　4. 控温仪　5. 吊链　6. 电热管支架
7. 隔热板　8. 铝合金反射板　9. 电热管（1kW）　10. 电源插头　11. 照明开关
12. 保险管　13. 温度调节钮　14. 照明灯插座　15. 电热管插座　16. 温度探头

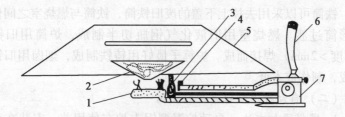

图 2 - 10　燃气式育雏伞

1. 环行燃烧器　2. 反射板　3. 点燃器　4. 安全器　5. 伞体　6. 燃气管　7. 调节器

四、自动控温型锯末炉

自动控温型锯末炉是立体育雏和平养育雏比较经济实用的加热设备，适合中小型禽类养殖场进行育雏，该项目已申请了国家实用新型专利 ZL200620093866.2。

（一）自动控温型锯末炉的结构

自动控温型锯末炉（结构见图 2–11）采用下燃烧方式，上部为 φ380mm ~ 420mm、高 520~650mm，圆形铁筒（1~2 个），用于盛装锯末；铁筒下部周边靠近炉箅子约 10cm 处开有直径为 10mm 左右的小孔多个，用于锯末燃烧时进入空气。下部为炉箅子，炉箅子下部为燃烧室。在燃烧室外壁的中部开出 130mm × 120mm 的方孔用作炉门，燃烧室与烟

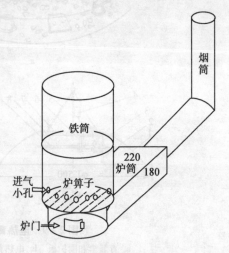

图 2–11　自动控温型锯末炉

囱之间有一段方形炉筒（长度在 800~1 000mm），能够增加散热面积和存积少量烟灰。最后用烟囱把烟尘排至室外。

铁筒可以采用去掉上下盖的废旧铁筒，铁筒与燃烧室之间做成锥形筒过渡。燃烧室用旧液化气钢瓶切半制成，炉筒用旧铁板（厚度 >2mm）焊接而成。炉箅子最好用铸铁制成，烟囱用旧铁板卷成，制作成本低。

（二）自动控温型锯末炉的使用

1. 燃料添加方法　自动控温型锯末炉在使用前，安装在育雏舍内的合适位置，装锯末时可以从铁筒上部直接装，非常方便，炉箅处的锯末燃烧后，上部的锯末在重力的作用下直接下落。装满一

筒锯末可以燃烧3h，如果装满两个铁筒就可燃烧6h，夜晚装满锯末后就不必添加，从燃烧室的炉门处用刨花、劈柴等引燃。如果添加锯末及时不熄火，整个育雏期就不必引火。

2. 温度调节　炉火燃烧的温度通过炉门的开度调节，炉门开大，空气直接通过炉筒排至室外，炉火燃烧慢温度低，炉门关小，空气通过铁筒上的小孔穿过锯末到炉箅燃烧，炉火温度高。只要调好炉门开度，温度始终保持在一定范围，最大温差不超过2℃，因此称为自动控温型锯末炉。燃烧后的烟尘和废气通过炉筒和烟筒排出室外，产生的热量通过炉筒和烟筒向外传导和辐射，使室内温度均匀提高，而且温度稳定。

养殖户在50m² 的育雏室内，采用四层育雏笼，可育蛋鸡雏1 500～1 600只；网上育肉鸡雏1 000只左右。如果育雏量大，可以根据面积大小多用几个锯末炉。锯末炉的燃料也可以根据各地资源情况，用稻壳、粉碎的秸秆、花生壳、作物颖壳等作为燃料，以降低燃料成本。

（三）自动控温型锯末炉的特点

1. 该锯末炉的特点是操作安全，温度可调且可自动控制温度，操作简单，管理方便，经济实用。

2. 不需经常掏灰，在燃烧时因锯末燃烧后形成的烟灰很轻，绝大部分通过烟筒排出室外，所以不用掏灰。

3. 卫生干净，锯末在燃烧时不会产生大量烟尘和有害气体，使育雏舍内空气环境条件好。

4. 燃料成本和炉具制作成本低，锯末燃烧时间长，添加锯末方便，使用成本也比煤炉低，对养殖户在禽类育雏过程使用非常经济实用。

第三节　饲养设施

现代畜牧企业发展的规模越来越大，养殖密度高，必须采用一定的饲养设施才能保证畜禽的正常生长和饲养管理。在鸡、猪、牛、羊、兔等方面都有一定的应用。

一、鸡的笼养设备

笼养鸡的显著特点就是充分利用现代科学技术和机具设备实现高密度、高效益地饲养，获得更好的饲养效果和经济效益。在大中小型养殖场和养殖专业户中得到普遍推广和应用。

（一）笼养设备的类型

笼养鸡是将鸡关在笼内饲养，雏鸡、蛋鸡、种鸡都可笼养。国内生产的鸡笼，有育雏笼、育成笼，轻、中型蛋鸡笼，还有蛋种鸡笼和肉种鸡笼等。

笼养设备包括鸡笼、笼架和附属设备（食槽、饮水器、承粪板、集蛋带等）。鸡笼多为装配式的，在使用前把各部件装配在一起。笼体一般由 $\phi 2mm \sim 3mm$ 冷拉低碳钢丝点焊而成，经酸洗后镀锌或涂塑防腐。笼前有食槽和饮水器，鸡粪可经栅状底网漏下。蛋鸡笼和种鸡笼的底网前倾 $7° \sim 11°$，使鸡蛋滚入前端的集蛋槽内。

笼架一般由 $2 \sim 3mm$ 厚的钢板冲压成型，为了更好地防腐，笼架零件全部采用热镀锌处理，其使用寿命比油漆防腐延长 $1 \sim 2$ 倍。也有采用钢管、角钢等焊接或用木材制作。

（二）蛋鸡笼

我国生产的蛋鸡笼有轻型（白壳蛋鸡）和中型（褐壳蛋鸡）两种。

鸡笼（见图 2 – 12）由底网、后网、前网、顶网和侧网构成，笼门安排在前网或顶网，可以拉开和翻开。一般前顶网做成一体、后底网做成一体，用侧网隔开 $3 \sim 5$ 个小笼，每个小笼养鸡 $3 \sim 4$ 只。网片间用笼卡连接，笼卡有镀锌薄钢板剪成条状或低碳钢丝两种，连接必须牢固。

鸡笼按其组合方式不同，分为全阶梯式、半阶梯式、叠层式、阶叠混合式、平置式等（见图 2 – 13）。

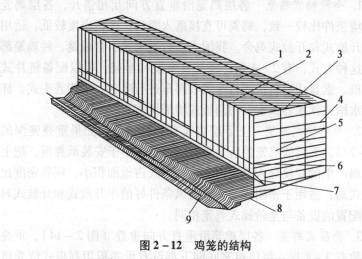

图 2－12　鸡笼的结构

1. 顶前网　2. 笼门　3. 笼卡　4. 侧网　5. 饮水孔

6. 挂钩　7. 护蛋板　8. 蛋槽　9. 缓冲板

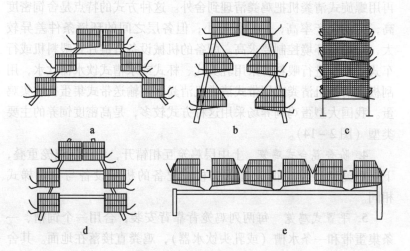

图 2－13　鸡笼的组合方式

a. 全阶梯式　b. 半阶梯式　c. 叠层式

d. 阶叠混合式　e. 平置式

1. 全阶梯式鸡笼 各层鸡笼沿垂直方向互相错开，各层鸡笼的环境条件比较一致，鸡粪可直接落入粪沟，舍饲密度较低，适用于半开放式和开放式鸡舍。我国大多数蛋鸡笼、育成笼、种鸡笼都采用这种方式，有2~4层；笼架有全架和半架。可以配备链片式喂料机、索盘式喂料机或行车式喂料车进行喂料。采用乳头式、杯式或水槽式饮水器饮水。用刮板式清粪机清粪。

2. 半阶梯式鸡笼 上下层鸡笼有部分重叠，如果重叠笼深的1/2~2/3，下层的鸡笼的后上角做成斜角，用于安装承粪板，把上层笼鸡产生的粪便导入粪沟内。这种方式占地面积小，饲养密度比阶梯式高，适用于密闭式鸡舍或通风条件好的半开放式和开放式鸡舍。配置的设备与全阶梯式鸡笼相同。

3. 叠层式鸡笼 各层鸡笼沿垂直方向重叠（图2-14），重叠的层数有3~8层，每层鸡笼底网下都设有承粪板用刮板式清粪机清粪或用带式清粪机清粪，把鸡粪送到鸡舍的一端的横向粪沟内，再用螺旋式清粪机把鸡粪清理到舍外。这种方式的特点是舍饲密度高，劳动生产率高，基建投资小；但各层之间的环境条件差异较大，对鸡舍环境控制要求高。配备的机械设备有链片式喂料机或行车式喂料车进行喂料，采用乳头式、杯式或水槽式饮水器饮水，用刮板式清粪机清粪或用带式清粪机清粪，用输送带式集蛋机收集鸡蛋。我国大型蛋鸡饲养场采用这种方式较多，是高密度饲养的主要类型（图2-14）。

4. 阶叠混合式鸡笼 上中层鸡笼互相错开，中下层鸡笼重叠，下层鸡笼的顶网上面设有承粪板。配备的机械设备与全阶梯式相同。

5. 平置式鸡笼 每两列鸡笼背靠背安装，合用一个饲槽、一条集蛋带和一条水槽（或乳头饮水器），鸡粪直接落在地面。其舍饲密度比全阶梯式高，喂料、饮水、清粪和集蛋全部机械化，对电的依赖性大，国内已很少采用。

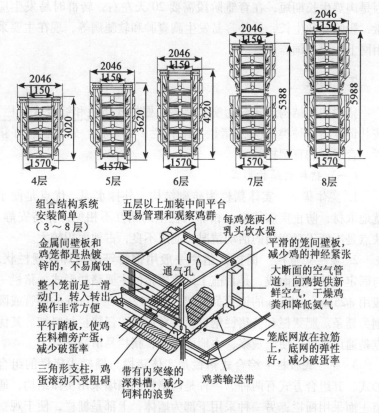

图 2 - 14　高密度饲养的叠层式鸡笼结构

（三）种鸡笼

种鸡笼一般是公母鸡分开饲养，公鸡笼尺寸较大，底网平置，每笼内养公鸡 1 ~ 2 只，2 ~ 3 层全阶梯式布置，便于采精。母鸡笼的结构与蛋鸡笼相同，肉种鸡笼尺寸比蛋种鸡笼大，每笼内养母鸡 2 ~ 4 只，2 ~ 3 层全阶梯式布置。

（四）育成笼与肉鸡笼

育成笼的底网平置，每笼内养鸡 4 ~ 8 只，有全阶梯式和叠层式等。肉鸡笼与育成笼基本相同，肉鸡笼养目前仍不普遍，主要原因是肉鸡生长期短，在育雏阶段需要 20 天左右，转群时易发生应激，影响鸡的生长，另外容易发生胸囊肿和软腿病等，现在主要采用网上一段式饲养。

二、猪栏

猪栏按其结构形式分为实体猪栏、栅栏式猪栏和综合式猪栏；按其饲养猪的种类分为公猪栏、配种栏、妊娠栏、分娩栏、仔猪栏、育成栏和育肥栏等。

（一）猪栏的结构形式

1. 实体猪栏　实体猪栏为砖砌结构，外抹水泥。优点是便于就地取材，防止疾病传染，相邻两栏里的猪互不相见，保持安静。缺点是不便于观察猪的活动情况，通风不良，占地面积较大。

2. 栅栏式猪栏　栅栏式猪栏一般用钢管等型材焊成栅栏状，与固定支柱装配而成，是目前工厂化养猪的主要猪栏形式。猪栏一般用 φ25mm～40mm 的钢管为框架，以 φ12mm～25mm 的钢管或圆钢为栅条。肥猪栏和公猪栏钢管粗，育成猪、仔猪栏材料细。其优点是通风良好，便于观察，占地面积小，猪栏易清洗消毒。

3. 综合式猪栏　综合式猪栏是实体猪栏与栅栏式猪栏的组合形式，其组合方式有两种。一种是两猪栏的隔墙采用实体结构，通道正面采用栅栏；另一种采用下部为墙体，上部是栅栏，便于观察猪群。

（二）群饲猪栏

群饲猪栏主要用来饲养仔猪、育成猪、育肥猪及后备母猪等。常用的群饲猪栏有丹麦式猪栏和全缝隙地板猪栏。

1. 丹麦式猪栏　见图 2 - 15，该猪栏划成几个活动区，用墙把喂饲区和排粪区分开，有利于卫生，减少饲料浪费并能保持躺卧区清洁干燥。在排粪区设饮水器，猪在饮水时排粪，便于清除粪便。

每个猪栏设一活门通往排粪区，活门打开将猪栏隔开。在喂饲区设有饲槽，喂饲时，活门关闭，排粪区形成一条通道，便于清

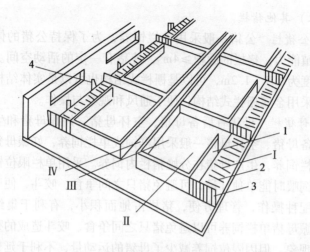

图 2 - 15　丹麦式猪栏

Ⅰ. 排粪区　Ⅱ. 躺卧区　Ⅲ. 喂饲区　Ⅳ. 通道
1. 隔墙　2. 缝隙地板　3. 活门　4. 自动饮水器

粪。在排粪区也可铺设缝隙地板，地板下设有粪沟，粪便用水冲走或用刮板清粪机清除。但该猪栏的排粪区的空气易形成污浊空气，应加强通风换气。

2. 全缝隙地板猪栏　全缝隙地板猪栏是在整个猪栏采用缝隙地板，如图 2 - 16，缝隙地板下面是粪尿沟，猪栏内既是休息区也是排粪区，猪粪被猪践踏落入粪沟内。这种猪栏占地面积小，房舍利用率高。但猪舍的湿度较大，空气污染严重，需加强通风换

图 2 - 16　全缝隙地板猪栏

气。另外猪体下部常和冷空气接触，易导致猪体热散失多。

（三）其他猪栏

1. 公猪栏　公猪一般采用单栏饲养，为了保持公猪的体质和增强繁殖能力，猪栏的面积≥4m²，使猪有一定的活动空间。公猪栏的高度为1.1~1.2m，可以是栅栏式结构也可以是实体结构，但栏门应采用金属栅栏式结构，便于通风和观察与操作。

2. 母猪栏　母猪有后备母猪、空怀母猪、妊娠母猪和生产母猪。后备母猪、空怀母猪一般采用群饲或单栏饲养，妊娠母猪一般采用单栏饲养，生产母猪在分娩猪栏内饲养。采用单栏限位饲养的优点是饲喂时能单独计量，可避免猪只之间争食、咬斗，便于观察发情和配种操作，管理方便，猪栏占地面积小，有利于集约化饲养。妊娠母猪单栏饲养可以避免猪只之间争食、咬斗造成的死胎和流产等现象。但因限位饲养减少了母猪的运动量，不利于延长母猪的生产寿命。

3. 分娩猪栏　母猪分娩和初生仔猪的饲养是养猪生产的重要环节，因此对分娩猪栏有一些特殊要求，以适应母猪分娩和初生仔猪的不同要求，提高仔猪的成活率。初生仔猪对体温的调节能力和对温度的适应性较差，初生仔猪适应的环境温度是29~32℃，母猪适应的环境温度是15~18℃，因此在分娩猪栏内必须设置局部供暖设备，以满足小猪的需要。为减少母猪压死小猪的现象，分娩猪栏应有护仔架或防压杆，同时还要有一个与母猪分开的舒适温暖的空间，便于小猪自由活动。

分娩猪栏的结构如图2-17，分为分娩猪限位区和仔猪活动区。分娩猪限位区位于整个分娩猪栏的中间，由母猪限位架构成，为母猪分娩、哺乳、采食、饮水等活动的区域，母猪可以躺卧、站立，但不能转身。仔猪活动区在分娩猪限位区的两侧，区内设有仔猪补饲槽、饮水器和局部供暖设备，仔猪在此区内采食、饮水、取暖和自由活动。

母猪限位架为栅栏式，由钢管制成，呈框架形，便于仔猪穿爬和逃离，以免被母猪挤死、挤伤。两侧栏杆的下部有杆状或耙齿状

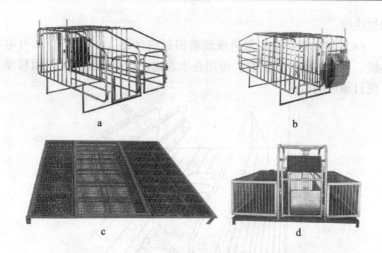

图2-17 分娩猪栏

a. 分娩猪栏后部 b. 分娩猪栏前部 c. 分娩猪栏缝隙地板 d. 隔板式分娩猪栏

杆防压，不妨碍仔猪穿爬又可避免卡住母猪背部。限位架前部有饲槽和饮水器，后部有栏门。限位架的宽度限制了母猪转身和躺卧方式，只能腹部着地、伸出四肢再躺下，以使母猪身下的仔猪逃离避免被压死。

4. 仔猪培育设备　仔猪培育设备主要有仔猪保温箱、红外线灯、加热地板和加热板等。

（1）仔猪保温箱：一般由玻璃钢制成，里面放置红外线灯或加热板加热，仔猪通过门自由进出。

（2）红外线灯：红外线灯用在仔猪的活动区，有加热地板时，用250W即可。无加热地板时需要750W。灯用链子吊挂，离地高度45cm。

（3）加热地板：有水加热和电加热两种。水加热地板用铁管或塑料管埋在地下60~75mm处，通过水泵把从锅炉出来的热水循环对地板加热。电加热地板采用地热线，以7~23W/m的功率配备，埋在水泥地面以下38~75mm处，由温度传感器和控温仪来控制加热线。

(4) 加热板：是用塑料或玻璃钢制成（图 2 - 18），里面有电热线，用控温仪控制温度。可用在水泥地面或缝隙地板上，因移动方便目前用的较多。

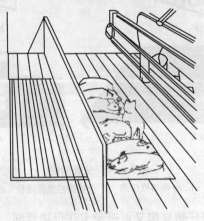

图 2 - 18 仔猪加热板

三、牛的饲养设备

奶牛饲养采用散放饲养和舍内拴养的方式，其饲养设备有隔栏和颈夹，把牛固定在牛床上。

隔栏一般用钢管焊接而成（图 2 - 19），前部为食槽和饮水器，后部为粪沟，挤奶用提桶式或管道式挤奶器。

颈夹有软式和硬式两种，软颈夹（图 2 - 20），由两根长链（约 760mm）和两根短链（约 500mm）组成。两根长链的一端分别固定在牛床两侧的支柱上，可上下自由活动，两根短链套在牛的颈部。对每头牛单独拴系和解开，牛比较舒适。

硬关节颈夹（图 2 - 21）可同时拴系和释放一组牛，由有球节的两根管子组成一个颈夹套在牛的颈部。因颈夹两端都有球形关节，所以，牛有一定的活动范围，为了使牛成组拴系和释放，颈夹

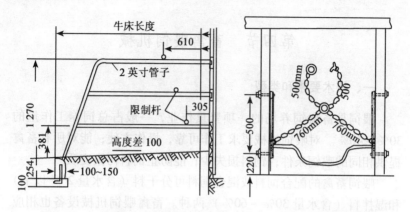

图 2-19 钢管制成的隔栏　　　　图 2-20 软颈夹

上端固定在能沿水平支架移动的滑块上，下端固定在 U 形架上，U 形架用链条固定在牛床的地面上。滑块分别由两根做相反运动的连杆推动进行拴系和释放。

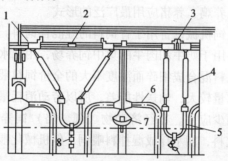

图 2-21 硬关节颈夹

1. 滑块　2. 颈夹传动杆　3 颈夹机构　4. 颈夹管　5. U 形架
6. 牛床架　7. 自动饮水器　8. 限位链

第四节 畜禽喂饲机械

一、技术要求和类型

喂饲是畜禽饲养场的一项繁重作业，一般占总饲养工作量的30%～40%。对喂饲机械要求工作可靠，操作方便；能对所有畜禽提供相同的喂饲条件；饲料损失少；能防止饲料污染变质。

喂饲畜禽的配合饲料或混合饲料可分干料（含水量20%以下）和湿拌料（含水量30%～60%）两种。畜禽喂饲机械设备也相应的分为干饲料喂饲机械设备和湿拌料喂饲机械设备两类。

干饲料喂饲机械设备主要用于配合饲料（干粉料、颗粒料），设备简单，劳动消耗少，特别适于不限量的自由采食。但它只能用来喂饲全价配合饲料，不能利用青饲料和其他多汁饲料。这类机械设备是现代化养鸡、养猪应用最广泛的形式。

湿拌料喂饲机械设备用于青饲料的湿混合饲料。在现代化畜牧业中，它主要用于奶牛和肉牛的集中饲养场，用低水分青贮料、粉状精料和预混料混合成细碎而湿度不大的全价饲料喂牛。用于养猪的湿拌料含水量较大，输送性能差，所以劳动消耗量大，在现代化养猪场中已很少应用。在经济动物（狐、貉）饲养中，目前采用干的全价膨化料，加水拌成湿拌料喂饲，但机械化喂饲设备很少。

二、干饲料喂饲机械设备

干饲料喂饲系统包括贮料塔、输料机和喂料机（喂料车）三大部分。

（一）贮料塔

贮料塔用来贮存饲料，便于实现机械化喂饲。它常设置在畜禽舍外的端部，比较长的畜禽舍也有设在中间部位的。料塔多为镀锌钢板制成，塔身断面呈圆形或方形（图2－24）。图2－22表示国产9TZ-4型贮料塔（容量4.75T）及与其配套的输料机。贮料塔的圆柱形塔身13分为三节。塔身由1.5mm厚镀锌钢板冲压组合而成。上部的塔盖由拉手12开闭。梯子11供观察检修用。塔身下部有小料斗，上有插板做排除故障时隔离饲料之用。输料机尾部8装在小料斗内。小料斗内还装有破拱装置9，它是由电动机和齿轮箱驱动的与塔底锥面平行的拨杆组成，拨杆除自身转动外，还沿锥壁公转，可以有效地消除结拱（图2-23）。根据试验，饲料含水率在13%以下时可以不用破拱装置。9TZ-2.5型贮料塔（容量3.56T）结构相同，只是塔身高度较低。

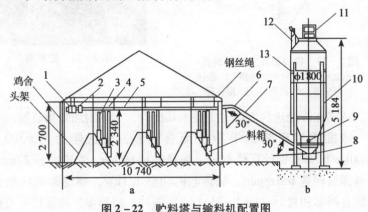

图2-22　贮料塔与输料机配置图

a. 输料机　　b. 贮料塔

1. 电动机　2. 机头　3. 下料管　4. 下料管接头
5. 送料管　6. 弯头　7. 接头　8. 机尾　9. 破拱装置
10. 塔架　11. 梯子　12. 拉手　13. 塔身

（二）输料机

目前，国内外从料塔向鸡舍内送料的输送装置有链式、索盘式、搅龙式和螺旋弹簧式等。国内使用螺旋弹簧式的较多。

国产95HT-2型螺旋弹簧输料机（图2-22）分别与9TZ-4型或9TZ-2.5型料塔配套使用，将料塔内饲料送入鸡舍。该输料机结构简单，运转平稳，噪音小，主要工作部件使用寿命长，工作可靠。饲料在管路内输送，不会被污染，也不会发生饲料飞扬现

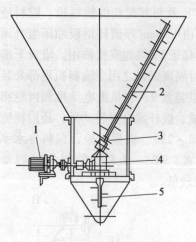

图 2 −23　机械回转式破拱装置
1. 电动机与摆线针轮减速器　2. 拨杆
3. 万向节　4. 齿轮箱　5. 搅拌器

图 2 −24　贮料塔

象。特别在改变送料方向时更显示其优点，无须附加转角装置。

　　该机适用于输送干粉状配合饲料，输送能力为 1 500 ～ 2 000kg/h。弹簧钢丝直径 8mm，弹簧外径 60mm，管道内径 72mm，输料弹簧转速 665r/min，配套电机功率 1.1kW。螺旋弹簧的断面形状有圆形和扁形（图 2 −25（a））两种，扁形弹簧的输送能力更大。输料机可以通过控制电路进行自动启动和停止，控制方式是定时控制和料位控制。其工作过程：先是第一个下料管向对应的第一个料箱放料，同时有少量的余料从第二个下料管放出。当第一个料箱装满后，自然过渡到第二个料箱，直至最后一个料箱的饲料达到一定高度时，料位器起作用，使输料机停止工作。当最后一个料箱的饲料料位下降到一定程度时，料位器又发出信号，输料机可以重新向鸡舍送料。

　　该输料机主要由机头、机身和机尾三部分组成。机头和机身装配后用钢丝绳吊挂在鸡舍内的房梁上，机头可以吊挂，也可用架子固定在墙上。而机尾则安装在料塔的小料斗内。

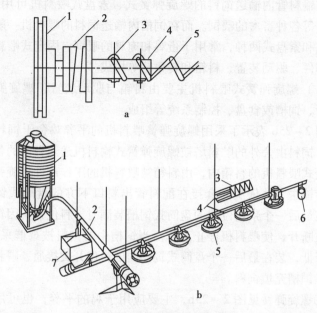

图 2-25　螺旋弹簧式喂料系统

a. 螺旋弹簧的驱动装置

1. 皮带轮　2. 机头壳体　3. 钩头螺栓　4. 驱动轴　5. 螺旋弹簧

b. 螺旋弹簧式喂料系统

1. 贮料塔　2. 输料机　3. 螺旋弹簧　4. 输料管　5. 盘筒形饲槽

6. 控制安全开关的接料筒　7. 料箱

在使用前要检查各部分的连接是否可靠。该机不得在无饲料时空运转。饲料内不准有麻绳、稻草或石块等杂物，以防机件损坏。

（三）喂料机

喂料机用来将饲料送入畜禽饲槽。干饲料喂料机可分固定式和移动式两类。

1. 固定式干饲料喂料机　固定式喂料机按照输送饲料的工作部件可分螺旋弹簧式、链板（片）式和索盘式三种，按照输送饲料的方式又可分在输料管内输送饲料和直接在饲槽内输送饲料两种。在输料管内输送饲料的螺旋弹簧式、索盘式喂料机可用于猪、鸡、牛等各种畜禽的喂饲。而在饲槽内输送饲料的喂料机一般只有链板式和索盘式两种，常用于蛋鸡和肉鸡的喂饲。固定式喂料机由输料部件、驱动装置、料箱和转角轮等构成。

（1）螺旋弹簧式喂料机主要由料箱与驱动装置、螺旋弹簧与输料管、饲槽或食盘、控制系统等组成。

图 2-25b 表示了采用螺旋弹簧喂料机的平养鸡舍干饲料喂饲系统。饲料由舍外的贮料塔被螺旋弹簧式输料机送入舍内的各个螺旋弹簧式喂料机的料箱内，由料箱被喂料机的工作部件螺旋弹簧沿配料管输送，并依次向套接在配料管出料口下方的盘筒式饲槽装料，在最后一个带料位器的盘筒式饲槽装满时，料位开关因饲料压力而被断开，使喂料机停止工作。当饲槽中的饲料被鸡群采食后，料位降低，装在最后一个盘筒式饲槽内的料位开关接通，喂料机再次向各饲槽充填饲料。

①螺旋弹簧见图 2-25b，主要应用于鸡的平养，也可用于猪和牛的饲养。一般常和输料管配合使用。输料管由 1.5mm 厚的薄钢板卷成，输料管上有相隔一定间距的开口，当螺旋转动时，将饲料向前推送，通过输料管上开口经落料管或直接落入饲槽，当饲槽装满后饲料被继续往前推送进入第二个开口和饲槽，直至装满所有饲槽为止。螺旋弹簧可用于喂料机也可用于输料机。输料管内径常见者为 55~90mm，一般输料机常取直径较大的输料管，喂料机输料管直径较小。螺旋弹簧由含锰弹簧钢条卷成，螺旋外径比配料管内径小 12mm 左右，钢条断面为矩形（断面：8mm×3mm），也可为圆形断面，即采用直径为 8mm 的弹簧钢条。

螺旋弹簧式喂料机的驱动装置比较简单，见图 2-25a，它是一根端部装有三角皮带轮的驱动轴，由两个钩头螺栓将螺旋弹簧的端部固定在轴上，工作时，电动机通过三角皮带带动驱动轴，从而带动了螺旋弹簧。

②鸡用盘筒式饲槽（图 2-26），直接或通过落料管与喂料机

的输料管相连。它由料筒、外圈、盘体以及与输料管的连接上盖组成。饲料通过输料管道的开口流向料筒锥形部分与盘体尖锥体之间的空间，并由此进入盘体，用手转动外圈可改变料筒相对于尖锥体的位置，从而调整了流入料盘内的饲料量以适应不同日龄鸡群的要求。料盘的栅架将料盘分隔成若干采食位置。料盘直径为 350～420mm，深度可调

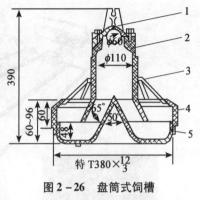

图 2－26　盘筒式饲槽
1. 上盖　2. 料筒　3. 栅架
4. 外圈　5. 盘体

节，使盘内料厚不超过盘深的 3/4，以免饲料外溅。盘筒式饲槽悬吊且离地高度可以调节。以适应鸡的日龄的增长。图 2－26 为用于螺旋弹簧式喂料机的盘筒式饲槽，如果用于索盘式喂料机时，输料管常设在高处，输料管与盘筒式饲槽之间有落料管，所以上盖的结构有所区别。饲槽直径为 380mm 时，每一盘筒式饲槽可供 25～35 只产蛋鸡或 50～70 只肉用仔鸡自由采食。

（2）链板（链片）式喂料机（图 2－27）主要由料箱与驱动装置、链片、饲槽、饲料清洁器（平养用）、支架（平养用）、头架与尾架（笼养用）、控制系统等组成。

链板式喂料机适用于平养和笼养鸡舍，其特点是输料机构的运动部件在饲槽内通过。链片由驱动机构驱动，通过装料箱，并以其表面拖着饲料沿饲槽平面做环形运动，使饲料均匀分配在饲槽的全长度上。遇到转弯处由转角轮改变其运动方向。链片运动线速度为 3.6～12m/min，一台喂料机可装 1～2 条环形链，每条喂饲线的最大工作长度可达 300m。饲槽为长饲槽，常由镀锌钢板制成。链板式喂料机的工作和停歇时间由定时器控制。

链板见图 2－27，常用于平养或笼养鸡的喂饲，与饲槽配合使用。链板通过料箱并在饲槽底上移动，将料箱内的饲料向前输送，

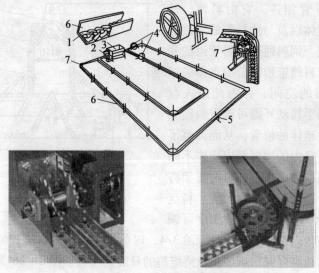

图 2 – 27 平养链板式喂料机
1. 链片 2. 驱动装置 3. 料箱 4. 饲料清洁筛
5. 饲槽支架 6. 饲槽 7. 转角轮

链板做环状运动一周后又回入料箱。在链板移动或停止时，鸡可以啄食在链板上方的饲料。

链板由高强度钢板冲压而成，各链板互相钩连，线速度为 3.6～12m/min，链板节距有 42mm 和 50mm 两种。高速链条的线速度为 18m/min，可以避免鸡挑食。

链板式喂料机的驱动装置见图 2 – 28，它是一个驱动链轮(1～2个)，驱动链轮固定在减速器输出轴上的传动套上。链轮与链板相啮合，当电动机通过减速器输出轴以低速转动时，链轮即带动了链板。为了防止机器损坏，传动套与链轮之间设有安全销，超载时安全销会被切断。

鸡用干饲料长饲槽随禽的种类和日龄而异。鸡用长饲槽一般由厚度 0.75mm 以上镀锌薄钢板制成，喂料机的输料部件链板在饲槽内输送饲料进行喂饲，饲槽形状尺寸除要考虑鸡的饲养要求外，还应考虑输料部件的形状和尺寸。图2-29a、b、c表示了用于链板式喂料机的鸡用长饲槽。

平养鸡用链板式喂料机增加了饲料清洁器，安装在喂料线的回料端，其作用是清理因鸡的活动进入饲槽的羽毛、垫草、鸡粪等杂物。其构造是由运动的链片通过链轮带动圆筒筛转动，把筛

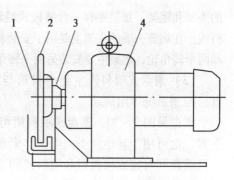

图2-28 链板的驱动装置

1. 安全销 2. 驱动链轮
3. 传动套 4. 减速器

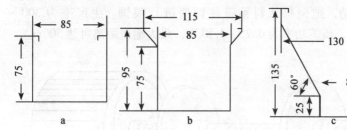

图2-29 鸡用长饲槽

a. 平养育成鸡饲槽 b. 平养种鸡饲槽 c. 笼养鸡饲槽

后的细小洁净饲料由筛外的螺旋刮板送回饲槽，中间较大的颗粒杂物由筛内的螺旋刮板排出机外。

支架是用来支撑料箱（容量较大）与驱动装置、转角轮、饲料清洁器和饲槽等。支架为可调式支架，可根据鸡的日龄大小调节饲槽的高度，一般饲槽的高度比鸡背略高。

平养鸡用链板式喂料机可根据鸡舍的跨度大小形成一条或两条喂料线，跨度较大的鸡舍采用双列平行式（图2-27），跨度较小的鸡舍采用双列对称式或单列式。

笼养鸡用链板式喂料机必须根据鸡笼的组合方式不同，配备相应

的头架和尾架。每层笼有一台链板式喂料机，形成水平循环的两条喂料线。在鸡笼一端的头架主要用于安装料箱（容量较小）与驱动装置和两个转角轮，尾架主要安装另两个转角轮，并与饲槽衔接。

（3）索盘式喂料机主要由料箱与驱动装置、索盘、饲槽或食盘、控制系统等组成。

索盘见图 2-30，索盘式喂料机可用于喂饲猪、牛、羊和鸡的平养，也可用于其他禽类的喂饲。索盘和输料管配合使用，常用同一组设备同时完成输料机和喂料机的工作。当用于喂鸡时，索盘也可与饲槽配合使用。索盘是由直径为 5~7mm 的钢丝绳和等距离压注在绳上的圆形塑料盘组成。圆盘直径为 35~50mm，间距为 50~100mm，线速度为 12~30m/min。工作时索盘在料箱、输料管和饲槽内移动，把饲料从料箱带往饲槽进行喂饲。生产率为 300~700kg/h，所需功率为 0.75~1.8kW，最大输送距离可达 500m。

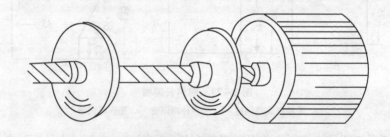

图 2-30　索盘与输料管

索盘式喂料机的驱动装置见图 2-31。它由减速器、驱动轮、张紧轮和导向轮等组成。减速器通过驱动轮带动索盘，张紧轮弹簧可使张紧轮上移将索盘的钢索张紧，靠近张紧轮有行程开关，当索盘的钢索过松或断开时行程开关会切断电源，停止喂料机以免发生事故。

索盘式喂料机的长饲槽（图 2-32）由镀锌钢板冲压成形，需用支架支撑，为防止禽类上到饲槽污染饲料，在饲槽设有防栖架，限位钢丝用来防止禽类挑食。

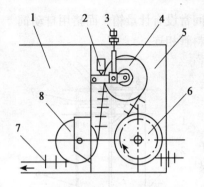

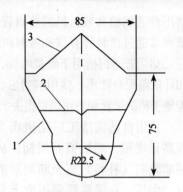

图2-31　索盘驱动装置

1. 料箱　2. 行程开关　3. 张紧轮
弹簧　4. 张紧轮　5. 传动箱
6. 驱动轮　7. 索盘　8. 导向轮

图2-32　索盘式喂料机用的长饲槽

1. 饲槽　2. 限位钢丝
3. 防栖架

图2-33表示了采用索盘式输料喂料机的猪舍干饲料喂饲系统。索盘式输料喂料机的工作部件索盘将贮料塔下部料箱内的饲料沿输料管输出，进入位于猪舍上方的环状输料管，通过落料管依次落入各自动饲槽，至最后一饲槽装满后由料位开关的作用而停止工作。

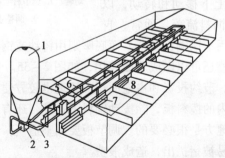

图2-33　索盘式猪用不限量干料喂料系统

1. 贮料塔　2. 料箱　3. 转角轮　4. 管路　5. 驱动装置
6. 落料管　7. 自动饲槽　8. 群饲猪栏

猪用饲槽分普通饲槽和自动饲槽两种。在干饲料喂饲系统中，猪用普通饲槽和喂料机的输料管之间常设有计量箱，而猪用自动饲槽则常通过落料管直接和喂料机输料管相连。

　　猪用普通饲槽用于限量喂饲，常和计量箱配合使用。猪用饲槽形状合理便于猪的采食和防止饲料损失。

　　猪用自动饲槽工厂化猪场为了提高日增重，缩短饲养周期，从仔猪哺乳期（补料）直至断奶后的保育、生长、育成期都采用全天自由采食喂养方法。为此，在分娩仔猪栏、保育栏、生长栏和育成栏都设置自动饲槽。

　　常用的自动饲槽有长方形和圆形两种。每一种又根据猪只大小做成不同规格。

　　圆形自动饲槽如图 2－34 所示。饲料圆筒可以上下移动和转动，以便控制和促进饲料流落。通常，自动饲槽的圆筒用不锈铜板制造，而底座则用铸铁或钢筋水泥制造。

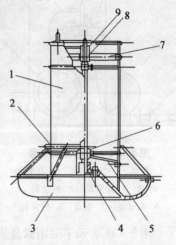

图 2－34　圆形自动饲槽
1. 贮料筒　2. 间隔环　3. 饲料盘
4. 支杆底座　5. 下支承杆　6. 滑
动套　7. 调节杆　8. 锁紧螺母
9. 调整手柄

　　长方形饲槽还可以做成双面兼用，如图 2－35。在两栏中间放一个双面饲槽，节约投资和占地面积，管理也较方便。

　　自动饲槽内的拨料板，除拨动饲料下落外，还有破拱作用，这对气候湿热的地方是很必要的。调节板要调整适当，以保证饲料流落适量，不容易被猪扒出，造成浪费。

　　长方形自动饲槽常用镀锌钢板或冷轧钢板成型，表面喷塑，也可用半金属半钢筋水泥制造，即底槽、侧板用钢筋水泥，其他调节活动件用金属结构。

　　自动饲槽有许多优点：自动限制落料，吃多少落多少，饲料不会被拨出，节约饲料，干净卫生。有间隔环限位，自由采食，猪只

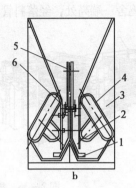

图2-35　长方形双面自动饲槽

a. 自动饲槽外形　b. 自动饲槽结构

1. 拨料板　2. 调节板　3. 料箱　4. 间隔环　5. 限位轴　6. 拨料板支轴

不争斗，不打架，有利于生长发育。自动饲槽便于和输料管道、分配器连接，实现自动送料，节约劳力，便于管理。

2. 移动式干饲料喂料机也称为喂料车　常用于猪、牛和鸡的笼养喂料。移动式喂料机是一个钢索牵引的小车，工作时喂料机移到输料机的出料口下方，由输料机将饲料从贮料塔送入小车的料箱，当小车定期沿鸡笼或猪栏向前移动时将饲料分配入饲槽进行喂饲。目前规模化养殖采用喂料车的方式逐渐增加，具有良好的发展趋势。

喂料车的移动方式常用的有三种，一种方式是用驱动系统通过钢丝绳牵引喂料车行走进行喂饲作业；另一种方式是用拖挂电缆做电源，由驱动用的减速电动机带动喂料车行走进行喂饲作业；这两种方式主要用于鸡猪的喂饲。还有用内燃机为动力，带动喂料车行走进行喂饲作业，主要用于猪牛的喂饲。

喂料车的轨道有地面式和鸡笼上方的笼架上，要求具有一定的强度和平直性，且安全可靠。

图2-36表示了多料箱移动式干料喂料机。鸡笼顶部装有钢制的轨道，其上有四轮小车，小车车架两边有数量与鸡笼层数相同的料箱，跨在笼组的两侧，各料箱上下相通。鸡舍外贮料塔内的饲料由输料机

输入鸡舍一端高处，经落料管落入各列鸡笼组上的喂料机料箱。

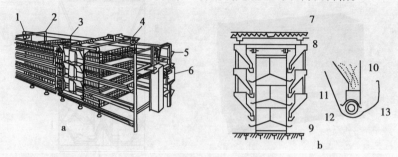

图 2－36　移动式喂料机（叠层式）

a. 移动式喂料机（叠层式）外形图　b. 移动式喂料机（叠层式）结构图

1. 饮水槽　2. 饲槽　3. 料箱　4. 牵引架　5. 驱动装置　6. 控制箱
7. 输料机　8. 料箱　9. 鸡笼　10. 落料管　11. 喂料调节器　12. 弹簧圈　13. 饲槽

喂饲时，钢索牵引小车沿笼组以 8～10m/min 的速度移动，饲料通过料箱出料口自流入饲槽。料箱出料口上套有喂料调节器，它能上下移动，以改变出料口距饲槽底的间隙，以调节配料量。饲槽由镀锌铁皮制成，有时在饲槽底部加一条弹簧圈，以防鸡采食时挑

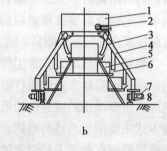

图 2－37　移动式喂料机（阶梯式）

a. 牵引式移动式喂料机（四层全阶梯式）外形图
b. 自走式移动式喂料机（三层全阶梯式）结构图

1. 料箱　2. 电动机与减速器　3. 落料管　4. 机架　5. 鸡笼
6. 饲槽　7. 减速电动机　8. 地轨

食或将饲料扒出。

图2-37b表示了自走式移动式喂料机，料箱中有一电动机和减速器带动螺旋绞龙转动，使饲料均匀地从各个落料管下落，送到各饲槽。

图2-38表示了播种式移动式喂料机，在机架上安装多个料箱，行走时饲料通过落料管下落，到各饲槽。其优点是地轨少，牵引装置共用一套。

移动式喂料机的优点是结构简单，不需转动部件或只需简单的转动部件。缺点是要求饲槽和笼顶轨道保证水平，对安装要求高，对饲料流动性要求较高。

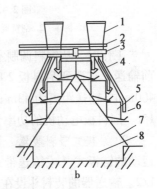

图2-38　移动式喂料机（阶梯式）

a. 播种式移动式喂料机（三层半阶梯式）外形图

b. 播种式移动式喂料机（三层全阶梯式）结构图

1. 料箱　2. 鼓轮轴　3. 机架　4. 落料管　5. 鸡笼

6. 饲槽　7. 鸡笼架　8. 粪沟

三、湿饲料喂饲机械设备

湿饲料喂饲设备有固定式和移动式两类。

（一）固定式湿饲料喂饲设备

固定式湿饲料喂饲设备主要用来喂饲奶牛和肉牛。有输送带式、穿梭式和螺旋输送器式三种。

1. 输送带式喂料装置　见图2-39。由输送带和在输送带上做往复运动的刮料板等组成。刮料板由电动机通过绞盘和钢索带动，刮料板移动速度为输送带速度（0.5m/s）的1/10。

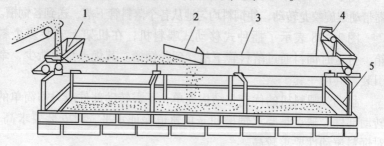

图2-39　输送带式喂料装置

1. 料斗　2. 刮料板　3. 输送带　4. 驱动电动机　5. 饲槽

工作时，从饲料调制室输送到料斗1的饲料由水平输送带3向前输送，在遇到刮料板2时饲料即被刮向下方饲槽。输送带宽为400mm，输送距离为43m时所需功率约1.5kW，每小时喂料可达15t。刮料板电动机的功率为0.2kW。

2. 穿梭式喂料装置　见图2-40。它是沿饲槽上方铁轨做往复运动的链板式（或输送带式）输送器。输送器长度为饲槽长度的1/2。输送器的装料斗设在饲槽全长的中心线处。

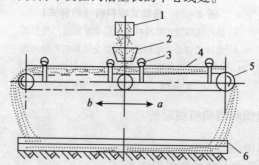

图2-40　穿梭式喂料装置

1. 输料机出口　2. 装料斗　3. 输送器行走轮　4. 铁轨　5. 输送器　6. 饲槽

工作时，由饲料调制室送来的饲料经料斗不断落在输送器上，输送器在输送饲料的同时沿着铁轨向着图面左方移动，故输送器上的饲料不断地卸在右半段的下方饲槽中，待输送器到达饲槽的尽头时，通过返回行程开关，输送器自动作反向运动，同时输送带本身也作反转，开始对左半段饲槽分配饲料。穿梭式喂料机的优点是适应性广、工作安全可靠，可用于拴养奶牛舍、隔栏散养奶牛舍和围场饲养肉牛的喂饲点等场合。

3. 螺旋输送器式喂料机见图 2 – 41。常作为设在运动场或围场喂饲点的一种饲料分配设备。螺旋输送器沿饲槽推送和分配饲料，先向离料斗最近的一端饲槽装料，并依次向前，直至饲槽最远端装满后由一端的料位开关切断电动机电路。螺旋输送器两侧装有防止奶牛碰及螺旋叶片的垂直护板。螺旋输送器和护板一起用螺杆安装在饲槽的框架

图 2 – 41　螺旋输送器式喂料机

上，转动框架上的螺杆，可使螺旋输送器与护板一起在框架上升降，借以调整护板与饲槽底的间隙，从而改变喂饲量。直径为180mm 的螺旋输送器，输送距离 36m 所需的功率为 2.25kW。

（二）移动式湿饲料喂饲设备

移动式湿饲料喂饲设备即机动喂料车，有牛用和猪用的两种。

1. 牛用机动喂料车　用来直接将饲料运到牛舍或围场分配饲料，结构较先进的喂料车内还装有电子计量器、混合器和饲料分配器等设备。目前进行推广的全混合日粮喂饲方式（TMR），就采用了这种喂料车，适合大规模奶牛饲养场和肉牛饲养场。图 2 – 42 表示了奶牛场和肉牛场用的机动喂料车。混合器由料箱 1 内的两个大直径螺旋 2 和一根带搅拌叶板 3 的轴组成，通过拖拉机的动力输出

轴驱动，带输送器的卸料槽运输时可以折起，卸料时可用液压控制的插门控制喂料量。

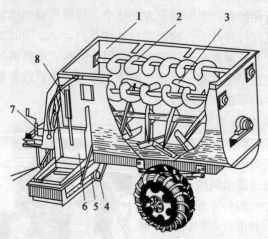

图 2 - 42　奶牛场和肉牛场用的机动喂料车
1. 料箱　2. 螺旋叶片　3. 搅拌叶板　4. 横向输送器的传动轮
5. 装有输送器的卸料槽　6. 喂料量控制插门　7. 支重器
8. 控制插门启闭的液压油缸

2. 猪用机动喂料车　用于湿饲料的猪用机动喂料车结构比较简单，它由料箱、倾斜螺旋输送器和传动部分等组成，传动部分中设有离合器，以控制料箱的排料。这种喂料车只用于敞开式猪舍。

第五节　畜牧场供水设备

一、供水系统

在畜牧场中，生产、生活需要大量的水，考虑到消防需要，还必须贮备一定数量的水。因此，供水是一项重要的工作。采用机械设备供水，不仅能保证畜牧场的需水量，并能提高劳动生产率，降低生产成本。

目前我国大多数畜牧场采用压力式供水系统。它由水源、水泵、水塔（或水罐）、水管网、用水设备等组成（图2－43）。

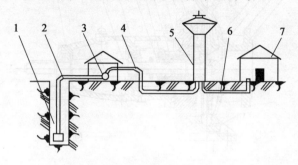

图2－43　压力式供水系统示意图
1. 水源　2. 吸水管　3. 水泵　4. 扬水管　5. 水塔
6. 配水管路　7. 畜禽舍或其他房舍

水泵把低处的水抽送至水塔的贮水箱内。贮水箱有一定的高度，箱内的水则具有一定的压力。在压力作用下，水沿水管网送到各用水点，经水龙头或自动饮水器供水。

二、离心式水泵

水泵是一种抽送液体并增加液体能量的机械，它是供水系统中的主要机械设备。离心式水泵由于结构简单，使用方便，效率较高，应用广泛。离心式水泵除作为提水的主要设备外，还可以用来输送稀质饲料或排除污水粪尿。

（一）离心式水泵的构造

离心式水泵的种类很多，构造也不相同，应用最为广泛的是单级单吸式清水离心泵。它只有一个叶轮，水从叶轮的一侧吸入泵内。图2－44是IS型单级单吸清水离心泵的结构图，它由泵体、泵盖、叶轮、密封环、填料盒、泵轴、悬架、轴承等组成。

1. 泵体　泵体又称为泵壳，是一个铸铁件。叶轮在泵体的腔内工作。泵体有断面逐渐扩大的蜗形流道，其作用是引导水流，降

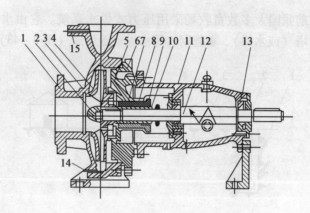

图 2 - 44 IS 型单级单吸清水离心泵结构图

1. 泵体 2. 叶轮螺母 3. 密封环 4. 叶轮 5. 引水口 6. 泵盖
7. 水封环 8. 填料 9. 压盖 10. 轴套 11. 悬架 12. 泵轴
13. 轴承 14. 排水螺孔 15. 排气螺孔

低水流速度，提高水的动能，增大出水压力。泵体的上部有排气螺孔，下部有排水螺孔。

2. **叶轮** 叶轮是水泵的主要工作零件。工作时，叶轮随泵轴高速旋转，使充满于叶片间的水产生离心力，提高水的动能。因此，叶轮的形式、尺寸以及加工工艺，对水泵性能有很大的影响。

叶轮有封闭式、半开式和开式三种（图 2 - 45）。封闭式叶轮的水泵效率高，适用于清水泵上使用。半开式和开式叶轮的抽水效率虽低些，但适用于抽送污水粪尿或稀质饲料。

3. **泵盖和密封环泵** 盖为铸铁件，它与泵体构成叶轮的工作室。密封环 3 是一个断面为矩形的圆环，用青铜或铸铁制造。密封环与叶轮之间有适当的间隙，防止泵内高压水泄漏而降低水泵的效率，还可以防止叶轮磨坏泵体或泵盖。当密封环磨损后，应及时更换。

4. **填料盒** 泵轴穿过泵盖上的轴孔，为防止漏水、进气，在此处设有安放填料与密封装置的盒体，称之为填料盒（图 2 - 46）。

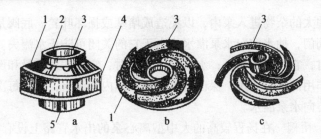

图 2 - 45 叶轮的种类

a. 封闭式 b. 半开式 c. 开式

1. 后盖板 2. 平衡孔 3. 叶片 4. 前盖板 5. 吸水口

填料盒内有填料、水封环。通过压盖与压盖螺母，可调整填料的压紧程度。填料不宜压得过紧，以免增大摩擦阻力，且轴套容易过热与磨损；填料若不压紧，泵内的水会大量漏出，空气则进入泵内，严重时，水泵便不能抽水。填料的压紧程度，以保证每分钟有 30～50 滴水从填料盒中滴出为宜。

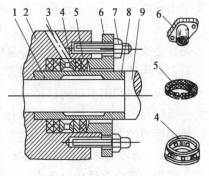

图 2 - 46 填料盒

1. O 型密封圈 2. 泵盖 3. 引水孔
4. 水封环 5. 填料 6. 压盖
7. 压盖螺母 8. 轴套 9. 泵轴

水封环上有若干径向小孔，泵体内的高压水经泵盖上的引水孔 3 进入水封环，在轴套表面形成高压水环，对轴套有密封、润滑、冷却作用。

5. **悬架** 是泵轴的支承部分，通过两个滚动轴承支承泵轴旋转。悬架的油池内有机油，对滚动轴承进行润滑。

（二）离心式水泵的管路及附件

离心泵必须配置一定的管路和附件才能抽水，主要的管路附件有水管、底阀、闸阀等。

1. **滤网和底阀** 制成一体，安装在吸水管的下端。滤网可防止水中大的杂物进入泵内，以免造成堵塞或损坏叶轮。底阀是一个单向阀门，抽水前向水泵灌水，由于它的关闭可防止水流失。水泵工作时，它被水流冲开；水泵停止工作时，它由本身重量和倒流的水压作用而自行关闭，保证吸水管和泵体内充满水，避免每次抽水之前要向水泵灌水。

2. 闸阀　在扬程较高的大中型离心泵的出水管路上设有闸阀，便于调节水泵的流量。启动前关闭它，可使动力机在轻载情况下易于启动；停机前关闭它，可使动力机在轻载情况下平稳停机，并防止出水管内的水倒流冲击水泵和底阀。对于无底阀的水泵，停机前关闭出水闸阀，可防止水倒流使泵轴逆转而受到损坏。

3. 水管　为了将水吸入水泵和将水泵扬出的水输送到高处、远处，必须通过水管。小型离心泵可采用胶管或塑料管，大中型离心泵多采用铸铁管、钢管或水泥管。吸水管和出水管的管径可以与水泵的吸水口和出水口的口径一致。为了减少水头损失，也可采用大一级口径的水管，通过变径管接头连接。管路需要改变方向时，应使用适当的弯管接头连接。

（三）离心式水泵的工作原理

首先，要向泵体内灌满水，动力机械驱动泵轴使叶轮（图2-47）在充满了水的泵体内高速旋转，叶轮内的水产生离心力向外甩至蜗形流道。由于蜗形流道的过水断面逐渐增大，水流速度则减慢，使水压升高并沿出水管路压送至高处、远处。

当叶轮内的水被甩出以后而形成真空状态，作用于水源表面的大气压力，将水通过滤网、底阀和吸水管压入叶轮。压入叶轮的水又不断被甩出，如此循环，水则源源不断地从低处压送至高处、远处。

（四）离心式水泵的种类

离心式水泵的种类很多，按叶轮的数目有单级泵和多级泵；按水流入叶轮的方式有单吸式泵和双吸式泵。畜牧场常用单级离心泵。

1. IS、IB 型离心泵　是单级单吸式清水离心泵。它的扬程中高，流量较小。是按国际 ISO 标准设计制造的新型节能离心泵，它具有效率高、体积小、重量轻等优点，可以在不拆卸电动机、泵体和固定管路的情况下，进行水泵的维修。IS、IB 型离心泵是替代老产品 BA、B 型离心泵的新型产品。IS 型为工业系列泵，IB 型为农业系列泵。泵型号的说明如下：

例如，IS80 – 50 – 200 型，IS 表示该泵是按 ISO 国际标准生产的工业系列单级单吸清水离心泵；80 表示泵的进水口直径；50 表示泵的出水口直径；200 表示泵的叶轮名义直径。计量单位均为 mm。

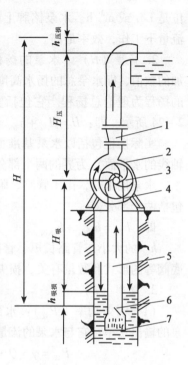

图 2 – 47　离心泵工作过程示意图
1. 扩散管　2. 泵体　3. 叶轮
4. 蜗形流道　5. 吸水管
6. 底阀　7. 滤网

2. S 型离心泵　是单级双吸卧式中开离心泵。它的扬程中高，流量较大。该泵的吸水口与出水口均在水泵轴线下方，与轴线垂直呈水平方向，泵壳中开。检修时无须拆卸进、出水管及电动机，维修方便。泵型号的说明如下：如 250S – 39 型，250 表示泵的进水口直径毫米数；S 表示该泵为双吸离心泵；39 表示该泵的扬程为 39m。

（五）离心式水泵的性能参数

水泵的性能用流量、扬程、转速、效率、轴功率、允许吸上真空高度等参数以及性能曲线来表示。它们是选择水泵和正确使用水泵的依据。

1. 流量（Q）　水泵的流量是指单位时间的抽水量，计量单位是 L/s 或 m³/h。水泵铭牌上标注的流量是额定流量，水泵在此流量下工作，效率最高。

2. 扬程（H）　水泵的扬程是指水通过水泵后，机械能量增加的数值，即水泵总的扬水高度，计量单位是 m。水泵铭牌上标注的扬程为理论总扬程。它包括实际扬程与损失扬程两部分，如图 2-24 所示。即：$H = H_实 + h_损$

实际扬程包括以水泵基准面（卧式水泵的基准面是通过泵轴轴线的水平面）为界的两个部分，即：$H_实 = H_{吸实} + H_{压实}$

水泵抽水时，由于管路、附件的摩擦阻力所造成的损失扬程也包括两个部分，

即：$h_损 = h_{吸损} + h_{压损}$

$h_损$ 的大小与管路长短、管径大小、管的材料以及弯管、闸阀、底阀等的形式和数量有关，损失的数值可从有关资料中查到。

3. 功率（P）

（1）有效功率（$P_效$）：水泵工作时，水流得到的功率，即水泵的输出功率，它与水泵的流量、扬程有关。

$$P_效 = \gamma \cdot Q \cdot H / 1\ 000\ （kW）$$

式中：γ——水的容重（N/L）；

Q——水泵的流量（L/s）；

H——水泵的扬程（m）。

（2）轴功率（$P_轴$）：动力机械传到水泵轴上的功率，即水泵的输入功率。它等于有效功率与泵内损失功率之和。

（3）配套功率（$P_效$）：与水泵配套使用的动力机械的功率。它等于轴功率与机械传动损失功率之和。为了保证机组安全运转，配套功率应大于轴功率，以抵偿机械传动损失并略有储备。对于与动力机械做联轴传动的大中型水泵，配套功率应比轴功率大 10% ~ 20%。

4. 效率　有效功率与轴功率之比值的百分数，即：

$$\eta = P_效 / P_轴 \times 100\%$$

效率是表明水泵性能好坏的一个重要指标，效率高说明水泵对动力机械的动力利用充分，经济效果好。水泵铭牌上标注的效率是指水泵可能达到的最高效率，离心泵的效率为60%~80%。

5. 转速（n）　水泵铭牌上标注的转速为叶轮的额定转速。在使用中，一般不得任意改变转速。因为转速改变后，水泵的流量、扬程、轴功率、效率都将发生相应的变化。但为了扩大水泵的使用范围，水泵允许降速使用，但降低的数值不能超过额定转速的50%，否则，泵的效率将明显下降。

6. 允许吸上真空高度（H_5）　它是说明水泵吸水能力的一个重要参数，表明水泵不发生汽蚀的最大吸水高度，计量单位为m。一般离心泵的允许吸上真空高度为6~8m。

允许吸上真空高度是确定水泵安装高程的重要依据，水泵的安装高程应小于允许吸上真空高度。否则，水泵将会发生汽蚀，产生噪音和振动，水泵的流量、扬程、效率明显下降，严重时，叶轮将被蚀穿，甚至不能抽水。

7. 性能曲线　水泵性能的各个参数不是静止孤立的，而是相互关联的。当转速一定时，如果改变水泵的流量，其扬程、轴功率、效率和允许吸上真空高度也随之发生有规律的变化。通过试验，把这种变化的数据记录下来并画成曲线，称为水泵的性能曲线。图2-48是IS80-50-125型离心泵在转速为1 450r/min时的性能曲线。

图2-48中的扬程曲线变化比较平缓，说明流量的变化对扬程的影响不大。因此，离心泵适于在流量经常变化而扬程基本不变的情况下使用。

离心泵的轴功率曲线是上升的，说明轴功率随流量的增加而增大。当流量为零时，轴功率最小。

离心泵的效率曲线在高效区间的变化平缓，高效区大，使用范围宽，有利于水量的调节。

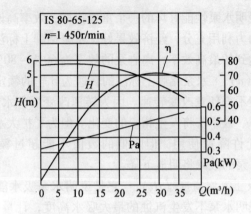

图 2－48 离心泵的性能曲线

（六）离心式水泵的选择

水泵的正确选择是合理使用水泵的基本条件。选择水泵的依据是生产实际中所要求的需水量和扬程。

在非自动化抽水装置中，水泵所需流量 Q 根据畜牧场最大昼夜需水量 $Q_{最大昼夜}$ 和水泵每天的工作时间 T 来确定：

$$Q = \frac{Q_{最大昼夜}}{T} \quad (\text{m}^3/\text{h})$$

自动化抽水装置中，水泵的流量 Q 按畜牧场最大小时需水量 $Q_{最大小时}$ 来考虑。

$$Q = Q_{最大小时} \quad (\text{m}^3/\text{h})$$

所需扬程 H 应满足实际扬程和损失扬程。实际扬程 $H_{实}$ 是指水源水面至水塔最高水面的垂直高程（参看图 2－47）。实际扬程可实地测量获得。损失扬程 $h_{损}$ 包括吸水管路的损失扬程 $h_{吸损}$ 和压水管路的损失扬程 $h_{压损}$。损失扬程要根据管路的实际长度和附件情况查表计算获得。

（七）离心式水泵的使用

水泵机组启动前，应对所有设备进行全面细致的检查，确保各部分连接牢固，机组转动灵活且无异常杂音，轴承的润滑油数量要充足。

检查工作完毕后，向泵体、吸水管灌水，将泵内空气排除干净。关闭出水管路的闸阀，便可启动使机组运转，待机组运转正常后，尽快开启闸阀向外供水。

机组工作过程中，应注意观察机组运转情况，轴承是否过热，填料压紧程度是否合适，出水是否正常。若发现问题，应及时解决处理。

抽水完毕停机之前，应先关闭出水管路上的闸阀，使机组在轻载的情况下，平稳地停止转动。

三、深井泵

地面水如河水、湖水等易被污染，而深层地下水水质较好，故采用深层地下水作水源者渐多，取用深层地下水时宜采用深井泵，深井泵有多种类型，目前应用最普遍的是长轴深井泵和深井潜水电泵。

（一）长轴深井泵

我国目前生产的长轴深井泵有 JD 型、J 型等，其结构相似。现重点介绍 JD 型长轴深井泵。JD 型深井泵型号的意义以 6JD36×8 型深井泵为例说明如下：型号中 6 代表适用的最小井径（英寸），J 代表井泵，D 代表多级式，36 代表泵的额定流量（m^3/h），8 代表级数（叶轮数）。

JD 型深井泵是一种多级单吸立式长轴离心泵，全泵由泵体、输水管和传动轴、泵座和电动机等部分组成，如图 2 - 49 所示。

1. 泵体部分　泵体部分由若干个水泵节和吸水管组成、水泵节是水泵的主要工作部件，每个水泵节由一只叶轮及一个导流壳构成，叶轮通过锥形套筒及螺母紧固在垂直安装的泵轴上，随轴做旋转运动。水流在进入叶轮之前与流出叶轮之后都通过导流壳，导流壳内设置引导水流的导流叶片、使水做有规则的流动。水泵轴与导流壳之间放置橡胶轴承，用水进行润滑。图 2 - 50 表示了泵体部分的结构及水流方向。

叶轮的形式属半封闭离心式，叶轮数（即水泵级数）根据设计的总扬程而异。导流壳分上导流壳、中导流壳及下导流壳，形状略有不同。

吸水管的下端附有滤水器，滤水器的作用是防止杂物进入泵体，而吸水管的作用则是稳定水流，使从滤水器流入的水流能沿下导流壳平稳地进入叶轮。

2. 输水管和传动轴部分　输水管和传动轴部分结构见图 2－51。输水管是输送水流的管道，同时又起着支承和连接泵体的作用。输水管由若干同样长度的管段连接而成，每段长度 2～2.5m，管段由联管器 5 用螺纹连接，两管段连接处设置轴承支架 4，轴承支架中心孔内装有橡胶轴承 6，用来支承传动轴转动。传动轴用来将动力传给泵体中的叶轮轴，传动轴也由

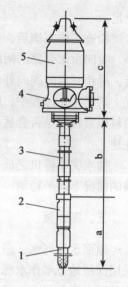

图 2－49　长轴深井泵
a. 泵体　b. 输水管和传动轴
c. 泵座和电动机
1. 水管　2. 泵体　3. 输水管
4. 泵座　5. 电动机

若干段同样长度的短轴组成，其长度与输水管长度相适应。传动轴与橡胶轴承配合的部分经镀铬处理，以增加其耐磨性，并防止因该处锈蚀而损伤橡胶轴承。

3. 泵座及电动机部分　泵座如图 2－52 所示，由进水法兰盘、出水弯管、出水法兰盘、填料箱、预润水管等部分组成。进水法兰盘 1 与输水管上端的法兰盘相连接，出水法兰盘 8 与出水管相连。填料箱 3 内填充油浸石棉等，填料 5 以起密封作用。预润水管 4 用于水泵起动前向输水管内灌水，对橡胶轴承进行预润滑。

JD 型长轴深井泵的动力，多采用立式空心轴电动机，水泵的传动轴穿过电动机的空心轴，用特殊传动机构相连接。

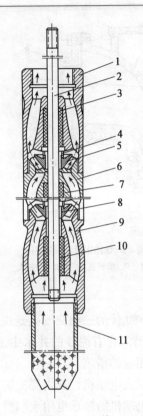

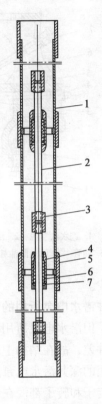

图 2 – 50　泵体

1. 上导流壳　2. 叶轮轴　3. 上导流
壳橡胶轴承　4. 锁紧螺母　5. 叶轮
6. 中导流壳　7. 中导流壳橡胶轴承
8. 锥形套　9. 下导流壳　10. 下导
流壳橡胶轴承　11. 滤网吸水管

图 2 – 51　输水管和传动轴

1. 输水管　2. 传动轴
3. 联轴节　4. 轴承支架
5. 联管器　6. 橡胶轴承
7. 挡圈

（二）深井潜水电泵

深井潜水电泵是电动机与水泵合装在一起共同潜入水中工作的水泵机组。其水泵部分的结构与长轴深井泵相似，也是多级式。潜水电泵与长轴深井泵相比，不需要长传动轴等装置，结构简单，钢

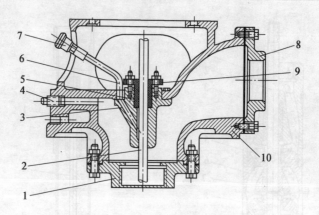

图 2 – 52　泵座

1. 进水法兰盘　2. 传动轴　3. 填料箱　4. 预注水管　5. 填料
6. 油管　7. 单向阀油杯　8. 出水法兰盘　9. 填料压盖　10. 泵座体

材消耗少。

深井潜水电泵所用的电动机也是 380 伏的三相交流鼠笼式感应电动机。但潜水电泵所用的电动机要潜入含有泥沙的井水中工作，工作条件差，故在结构上采取了一些相应的措施。

常用的深井潜水电泵的电动机属湿式电动机，其内部充满纯净的水，定子和转子都浸在水中运行。电动机的轴承也用水润滑。湿式电动机的绕组是用聚乙烯绝缘尼龙护套耐水电磁线构成，聚乙烯绝缘尼龙护套耐水电磁线的截面如图 2 – 53 所示，即在一般的漆色

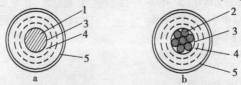

图 2 – 53　聚乙烯绝缘尼龙护套耐水电磁线结构剖视图

a. 单根导线　b. 多股绞合导线

1. 单根导线　2. 多股绞合导线　3. 绝缘漆层
4. 聚乙烯绝缘层（1 – 3 层）　5. 尼龙护套

线外面包1~3层聚乙烯塑料绝缘层，再包一层防水尼龙护套。

四、饮水器

畜牧场采用饮水器，能满足畜禽饮水的生理要求，有利于畜禽的生长发育。还可以节省劳力，降低水耗，减少疾病传染的机会。常用的饮水器有槽式、真空式、吊塔式、鸭嘴式、乳头式和杯式等几种。

（一）槽式饮水器

槽式饮水器是一种最普通的饮水设备。可用于猪、鸡、牛、羊等动物的饮水，猪、牛、羊等动物的饮水槽可用石头、钢板、橡胶等制成，在舍外或舍内使用。结构简单，价格低廉，供水可靠。养鸡场采用水槽供鸡群饮水，可用于笼养和平养，有长流水式和控制水面式两种饮水槽。

长流水式饮水槽（图2－54）是从水槽的一端连续不断地供水，另一端由溢水口排水，使水槽始终保持一定的水位。

图2－54　长流水式饮水槽

1. 水龙头　2. 水槽　3. 放水塞　4. 溢水口

控制水面式饮水槽是在水槽的一端设一小水箱，箱内装有浮球阀。水箱与水槽相通，由浮球阀自动控制水槽中的水位。

水槽的断面有各种形状，常用的有 V 形和 U 形，可用镀锌薄钢板或塑料制成，两端有水堵，中间有接头，连接时要用胶密封。水槽用水钩固定在鸡笼的前方，要保持一定的水平度。

平养鸡时要将水槽安装在墙边或栅栏前，避免鸡上到水槽上面踩坏水槽或使水污染。

槽式饮水器的水容易污染，易传染疾病，蒸发量大，水槽要定期清洗。长流水式饮水槽的耗水量大。槽式饮水器的缺点很多，逐渐趋于淘汰。

（二）真空式饮水器

真空式饮水器是平养鸡（鸭）舍常用的一种饮水器。图2-55所示，真空式饮水器由贮水桶与水盘扣接而成，在扣接之前，先将贮水桶装满水，扣接以后，把饮水器搁置在鸡舍里。空气由出水孔进入贮水桶内，水经出水孔流至水盘中。当水盘内的水淹没孔时，贮水桶内有一定的真空度，水则停止流出，盘中保持一定的水位。鸡只饮水后，盘中水位下降，空气又从孔进入贮水桶内，贮水桶内的水又流出补充。如此循环，直至贮水桶内的水全部流出为止。贮水桶的容量一般为 2.5 ~ 10L，水盘的直径为

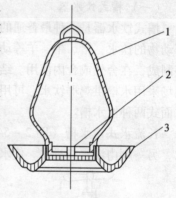

图2-55　真空式饮水器
1. 贮水桶　2. 出水孔　3. 饮水盘

160~300mm，槽深为 25~40mm。每个真空式饮水器可供 50~100只雏鸡饮水。容量大的真空式饮水器可供育成鸡和成鸡饮水。

使用真空式饮水器，鸡不能进入环形水槽，既可保证雏鸡的饮水安全，又可减少饮水被鸡只污染。该饮水器的缺点是需要人工加水，增加劳动强度。水少时易被鸡弄翻，水洒落地面，增加舍内湿度。

（三）吊塔式饮水器

吊塔式饮水器又称为钟式饮水器和普拉松式饮水器，用绳索从天花板上悬挂下来，可按鸡龄大小调节吊装的高度。特点是采用吊

挂方式，自动控制进水，不妨碍鸡的活动，适应范围广，工作可靠，不需人工加水，吊挂高度可调。主要用在蛋鸡育成阶段、肉仔鸡、种鸡和火鸡、鸭、鹅的平养方式。该饮水器要有防晃动装置，供水管路要有减压过滤器。每天用完后也要刷洗消毒，操作较麻烦。

图2-56a为常用的一种吊塔式饮水器。主要由饮水器体、弹簧阀门机构等组成。饮水器体由塑料制成，一般制成红色，饮水器的悬挂高度，应使饮水器平面与雏鸡的背部或成鸡的眼睛等高。

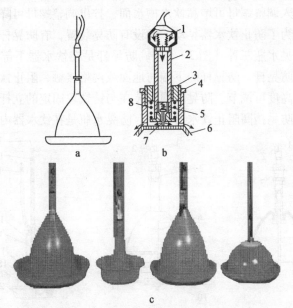

图 2 - 56　吊塔式饮水器

a. 饮水器外形　b. 阀门机构　c. 其他形状的饮水器

1. 滤网　2. 阀门体　3. 调整螺母　4. 锁紧螺母　5. 小弹簧

6. 饮水器体　7. 阀门杆　8. 大弹簧

吊塔式饮水器体，其形状如一小尖帽，把帽檐卷起形成一个小水槽，通过拉簧和绳索悬挂在舍的空中。

　　吊塔式饮水器的工作原理是：当饮水盘中无水时，大弹簧将饮水器体抬起，饮水器体上平面顶起阀门杆，水由阀门体流出，通过饮水器上端两个对称的出水孔流入饮水盘的槽内。当水达到一定水面时，其重量使饮水器体压缩大弹簧，饮水器体下降，阀门杆在小弹簧弹力下关闭，水停止流出。当水被鸡饮用一定数量后，又重复以上工作。

　　如果要调节饮水盘水槽的水面高低，可松开锁紧螺母，拧入（或拧出）调整螺母，以改变大弹簧的弹力，而改变了水槽水面的高低。拧入调整螺母可增高饮水槽水面，拧出调整螺母可降低饮水槽水面。为了防止饮水器晃动，常设有防晃装置，有防晃杆、防晃挡圈和防晃水瓶三种（图2-57）。防晃杆是在饮水器下部设有一可调整的防晃杆，防晃杆的下端与地面或网格接触，阻止饮水器晃动，杆的高度可调节。防晃挡圈安装在与铸铁块固定的立杆上，上下可调，防晃挡圈阻止饮水器晃动。防晃水瓶是在饮水器内设有防

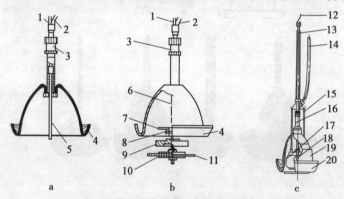

图2-57　吊塔式饮水器防晃装置

a. 防晃杆式　b. 防晃挡圈式　c. 防晃水瓶式

1. 吊绳　2. 塑料水管　3. 阀门体　4. 饮水盘　5. 防晃杆

6. 螺杆　7. 防晃圈　8. 定位螺钉　9. 底座　10. 夹板　11. 网片

12. 挂钩　13. 吊杆　14. 进水管　15. 水瓶吊杆　16. 阀门体

17. 防晃水瓶　18. 出水孔　19. 雏用附加圈　20. 饮水盘

晃水瓶，它由两条水瓶吊杆悬挂在自动阀门的导杆上，因其重量较大增加了晃动阻力，减少了晃动量。可根据禽类的日龄大小适当调整水瓶的加水量。

吊塔式饮水器，要求主水管的水压一般为 0.2～16kPa，其饮水盘外径为 350mm，水槽深 40mm，盛水量约为 450ml。每只饮水器可供 100～150 只鸡饮水。供雏鸡饮水时，可在饮水盘内装入雏用附加圈，使水槽断面尺寸变小，以免雏鸡进入水槽之中。

吊塔式饮水器使用一段时间后，必须进行清洗。先用毛刷将饮水盘的水槽刷一遍。卸下吊杆，把脏水倒出。每一批鸡出栏后，应将饮水器拆开，进行清洗消毒。该饮水器的用量也逐渐减少，有被乳头式饮水器取代的趋势。

（四）鸭嘴式饮水器

鸭嘴式饮水器是供育肥猪、妊娠母猪和育成猪饮水使用的。还有兔用的鸭嘴式饮水器（图 2－58a），体积尺寸较小，每个笼安装一个。

9SZY 型鸭嘴式饮水器（图 2－58b）由阀体、鸭嘴、阀杆、胶垫、弹簧、卡簧、滤网等组成。

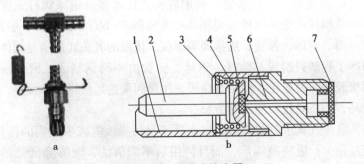

图 2－58　鸭嘴式饮水器

a. 兔用鸭嘴式饮水器　b. 猪用鸭嘴式饮水器

1. 鸭嘴　2. 阀杆　3. 卡簧　4. 弹簧　5. 胶垫　6. 阀体　7. 滤网

阀体为圆柱形，末端有螺纹，安装在水管上。阀杆大端有密封胶垫，弹簧将它紧压在阀体上，将出水孔封闭而不漏水。猪饮水时，将鸭嘴含入口内，挤压阀杆使之倾斜，阀杆端部的密封胶垫偏离阀体的出水孔，水则经滤网从出水孔流出，沿鸭嘴流入猪的口腔。鸭嘴式饮水器的材质有铸铜和不锈钢两种，内部的弹簧用不锈钢丝制成。

9SZY 型鸭嘴式饮水器有出水孔径为 2.5mm 和 3.5mm 两种规格，每分钟的水流量分别为 2 000～3 000ml 和 3 000～4 000ml。要求主水管的水压低于 400kPa。每只鸭嘴式饮水器可供 10～15 头猪饮水。安装鸭嘴式饮水器时，要求其轴线与地面水平，向下倾角不大于 10°。饮水器安装高度：育成猪为 250～350ml，育肥猪为 350～450mm，怀孕母猪为500～600mm。

鸭嘴式饮水器是猪只衔入口内饮水，不浪费水。水流缓慢，符合猪的饮水要求，工作可靠，不漏水，目前在各类养猪场应用很广。

（五）乳头式饮水器

乳头式饮水器可用于鸡的笼养和鸡、鸭、鹅的平养。还有猪用的乳头式饮水器。

1. 鸡用乳头式饮水器　鸡用乳头式饮水器有钢球阀杆式密封和弹簧阀杆式密封两种（见图 2－59 和图 2－60）。由阀体、触杆、密封圈、钢球、弹簧、连接座等组成。优质的乳头式饮水器阀体由 ABS 工程塑料制成，触杆、钢球、弹簧由不锈钢制成。密封圈有用橡胶的，易老化，使用寿命短。用聚四氟乙烯材料，弹性好，质量高，不易老化，使用寿命长。

乳头式饮水器的特点是：水质不易污染，能减少疾病的传播，蒸发量少，适应范围广，而且使用后不需清洗，能够降低劳动强度，节省用水，是一种封闭式的理想饮水设备。但乳头式饮水器对水质要求高，易堵塞，应在供水管路上加装过滤器，滤网规格不小于 200 目。并可配备自动加药器可以通过饮水免疫和药物预防或治疗疾病。

乳头饮水器安装要规范，保证水管平直，以确保水管各处的供水量，否则会出现供水量不均现象。乳头饮水器应垂直安装，不妨碍鸡的活动，鸡仰头用喙啄开阀芯即可使水流出饮水，符合鸡的扬头饮水习惯。锥体密封式、钢球密封式适合雏鸡、蛋鸡育成阶段、肉仔鸡、种鸡和火鸡的平养方式和笼养方式，弹簧阀杆式开阀力稍大不能用于雏鸡。

钢球阀杆式乳头饮水器由阀体、阀杆、钢球和密封圈等组成（见图 2 - 59）。其密封原理是阀杆与阀座之间为第一道密封，钢球与阀体中间有两道密封，要求零件加工精密，才能保证可靠的密封，不漏水。平时由于毛细作用，阀杆处有水滴存在，鸡饮水时触动阀杆，使阀杆倾斜，推动钢球变位，使水从引水杆的间隙、钢球与阀体间隙、阀杆与阀座间隙流出，供鸡饮水。饮完水后，因饮水器垂直安装，由水压和钢球的重量使阀杆复位密封，停止出水。饮水器用卡钩或卡子固定安装在水管上，形成饮水线。

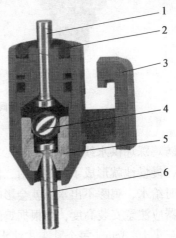

图 2 - 59　钢球阀杆式乳头饮水器
1. 引水杆　2. 密封圈　3. 卡钩
4. 钢球　5. 阀座　6. 阀杆

弹簧阀杆式乳头饮水器由阀体、阀杆、弹簧和密封圈等组成（见图 2 - 60）。平时弹簧使阀杆复位，靠密封圈密封，不漏水。鸡饮水时触动阀杆，使阀杆倾斜，使水从阀杆与阀座密封圈的间隙流出，供鸡饮水。饮完水后，在管内的水压作用下和阀杆在弹簧的作用下使阀杆复位，停止出水。饮水器用卡钩或卡子固定安装在水管上，形成饮水线。该饮水器少量倾斜一定角度也能保证密封。

平养时的供水线（图 2 - 61）上要有防栖钢丝和脉冲电击器，

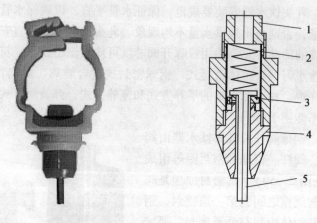

图 2 – 60　弹簧阀杆式乳头式饮水器
1. 弹簧座　2. 弹簧　3. 密封圈　4. 阀体　5. 阀杆

以防鸡踩坏供水线。安装完毕，必须给水，鸡用喙去啄，啄出水后，慢慢地就形成了条件反射，渴时就会随时饮用。如果装好后不及时给水，鸡啄不出水，就会影响以后饮用。平养鸡使用乳头式饮水器应注意安装高度，要根据鸡的日龄调整吊挂高度，一般要求超过鸡头 1～3cm。每个乳头式饮水器可供 3～6 只成鸡或 10～20 只雏鸡使用。

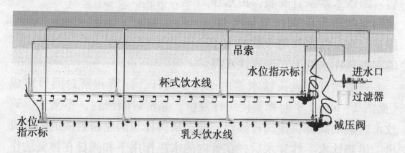

图 2 – 61　乳头式饮水器和杯式饮水器供水线

笼养鸡饮水器的安装位置一是装在笼子上方，二是装在笼子前边、食槽的上方。装在笼子前边的因水滴滴在食槽里，可保证鸡粪干燥，但饮水器下面的饲料被浸湿。成年笼养鸡的乳头饮水器最好安装在两笼之间的隔网上，这样每个笼内的鸡都可以使用两个饮水器饮水。

为保证鸡能随时喝到新鲜的水，最好采用自动供水装置。乳头式饮水器的工作水压较低，常与减压阀或水箱配套使用（图2-62），调节水压，以适合不同日龄鸡的需要，适宜水压为：雏鸡14.7~24.5kPa；成鸡24.5~34.3kPa。要避免水压过高或过低导致鸡喝不到水或乳头饮水器漏水的现象。乳头与杯式饮水器结合的饮水器，可以接住乳头饮水器漏下的水，杯里有水时，鸡在杯里喝水，无水时从乳头处喝水。此外，鸡断喙后20天内不能用饮水器，因为喙痛，不敢啄。

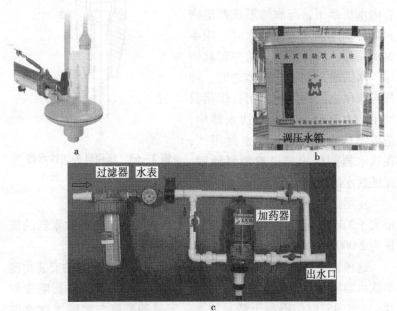

图2-62 供水线配套的减压过滤装置

a. 调压阀　b. 调压水箱　c. 过滤器与加药器

该饮水器要求水中的杂质少，以免影响密封而漏水。为此，在供水管路上必须设有过滤器、水箱或自动调压阀（图 2 - 62），并尽可能采用塑料管路。

采用乳头式饮水器，鸡只仰头饮水，饲料杂物等不可能进入饮水器，水质不易污染，能减少疾病传染，符合卫生要求。这种饮水器构造简单，用水省，不需要清洗，是一种较为理想的饮水器。但这种饮水器对制造精度和水质的要求较高，否则容易漏水。

2. 猪用乳头式饮水器 乳头式饮水器（图 2 - 63）由阀体、阀杆和钢球组成。阀体根部有螺纹，安装在水管上。钢球和阀杆靠自重和管内水压落下，与阀体形成两道密封环带而不漏水。猪饮水时，用嘴触动阀杆，阀杆向上移动并顶起钢球，水则通过钢球与阀体之间、阀杆与阀体之间的间隙流出，供猪只饮用。为避免杂质进入饮水器中，造成钢球、阀杆与阀体密封不严，在饮水器阀体根部设有塑料滤网，保证饮水器正常工作。

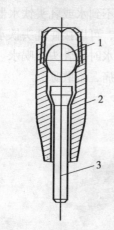

图 2 - 63　猪用乳头式饮水器
1. 钢球　2. 阀体　3. 阀杆

使用这种饮水器，主管水压不得大于20kPa，若水压过大，猪只饮水会被呛着。每只饮水器的流量为 2 000 ~ 3 500ml/min，可供 10 ~ 15 头猪饮水。

这种饮水器的构造简单，水中异物通过能力强。它的安装角度即饮水器轴线与地面的夹角，以 45°为宜。小于 45°时，影响密封性；大于 45°时，不利于猪只饮水。安装的高度与鸭嘴式饮水器相同。

（六）杯式饮水器

杯式饮水器适合猪、鸡、牛、羊、兔等动物的饮水，因动物的嘴大小不同，所以不同动物用的饮水器形状、规格也不同。

1. 鸡用杯式饮水器　鸡用杯式饮水器有单独使用的，还有与乳头式饮水器结合的（图2-64）。其特点是结构简单、供水可靠、不易漏水、耗水量小，但杯体清洗较麻烦，可用于鸡的平养和笼养。平养鸡时将供水线安装在墙边或栅栏外边，以防止鸡上到供水线踩坏水线和污染水质。安装在舍内时要有防栖钢丝和脉冲电击器，以防止鸡踩坏供水线（图2-61）。鸡需要饮水时水才流入杯内，每杯负担的鸡只较少，可防止疾病的传染，并可节约用水。使用杯式饮水器时，也必须注意水的清洁和具有合适的水压，因此在饮水器的供水管路应设置过滤器和减压装置。一般在管路上安装自动调压阀或水箱来控制供水压力（图2-62）。每只饮水杯可供10~20只雏鸡或3~5只成鸡饮水。笼养鸡可在两笼之间安装一只饮水杯。鸡用杯式饮水器构造简单，价格便宜，但要靠人工清洗水杯。

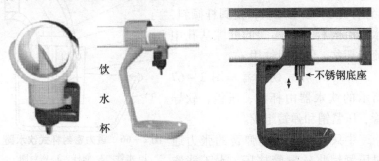

饮水杯

←不锈钢底座

图2-64　鸡用杯式饮水器（与乳头饮水器结合型）

2. 猪用杯式饮水器

（1）9SZB-330型杯式饮水器由阀体（图2-65）、阀杆、杯盆、压板、支架、弹簧等组成。猪饮水时，用嘴拱动压板，使阀杆偏斜，阀杆上的密封圈偏离阀体上的出水孔，水则流出至杯盆中，供猪饮用。当猪离开后，阀杆靠水压和弹簧复位，水便停止流出。

9SZB型杯式饮水器的杯容量有330ml和350ml两种规格。要求工作水压为70~400kPa，其流量为2 000~3 000ml/min。每只饮水杯可供 10～15 头猪饮水。

这种饮水器体积小，出水量充足，出水稳定，密封性能好，不射流，杯盆浅，清洗方便，能满足各种猪只的饮水要求，特别适用于仔猪饮水。

（2）重力密封杯式饮水器由阀座（图2－66）、阀杆、密封圈、压板和杯盆组成。阀座外圆有螺纹，安装在水管的端部。阀杆插入阀座，其上有密封圈。阀杆靠水管中的水压以及自身重量而紧贴阀座，管中的水不能从阀座的孔中流出。当猪只饮水触动压板，使阀杆倾斜，水则沿阀杆与阀座间的缝隙从孔中流入杯盆，供猪只饮用。

3. 牛用杯式饮水器　图2－67 所示的饮水器由杯盆、压板、软导管、压紧销和弹簧组成。

牛只不饮水时，弹簧的张力通过压紧销将软导管挤压，水不能流入杯盆。当牛只饮水时，用嘴触动

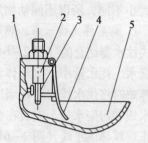

图2－65　猪用杯式饮水器
1. 支架　2. 阀座　3. 阀杆
4. 触板　5. 杯盆

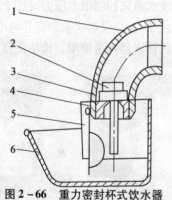

图2－66　重力密封杯式饮水器
1. 水管　2. 阀杆　3. 密封圈
4. 阀座　5. 压板　6. 杯盆

压板，利用杠杆作用将弹簧压缩并拉动压紧销，使之不挤压软导管，水便流入杯盆，供牛只饮用。这种无阀杯式饮水器的弹簧不在水中工作，弹簧不易生锈失效，比弹簧在水中工作的老杯式饮水器的工作可靠。每只饮水杯可供拴养的两头牛饮水。

有阀式牛用杯式饮水器原理与猪用杯式饮水器相同。

4. 羊用、兔用杯式饮水器　羊用杯式饮水器（图2－68a）采用玻璃钢或高强度塑料制成，羊饮水时触动杯内的阀杆，水从阀杆处流入

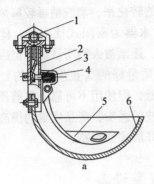

图 2 - 67　牛用杯式饮水器

a. 无阀杯式饮水器　b. 有阀式牛用杯式饮水器

1. 水管　2. 软导管　3. 压紧销　4. 弹簧　5. 压板　6. 杯盆

杯中，供羊饮水。不饮水时弹簧使阀杆关闭，停止出水。兔用杯式饮水器（图 2 - 68b）兔饮水时触动杯内的触板，水从触板下的阀杆处流入杯中，供兔饮水。不饮水时弹簧使阀杆关闭，停止出水。

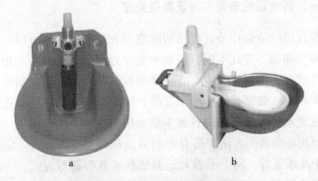

图 2 - 68　羊用、兔用杯式饮水器

a. 羊用杯式饮水器　b. 兔用杯式饮水器

（1）开放式饮水器：除乳头式饮水器外，其他饮水器均为开放式饮水器，缺点是不能保持水质的清洁卫生；不利于防止细菌的水平传播和交叉感染；不利于畜禽舍环境和养殖场环境的改善；不利于节水和节约饲料；降低了饲料的转化率，清洗消毒较麻烦。

（2）密闭式饮水器：乳头式饮水器为密闭式饮水器，优点很多，可以克服开放式饮水器的不足，逐渐被人们所认识。但因其安装调试比其他饮水器有一定难度，质量好的（正规厂家的）产品成本较高，质量差的产品虽然成本低，但使用不可靠，目前还没有被广大养殖户完全接受。但随着科技的进步，产品质量的提高，养殖方式的规范化，必然要取代部分开放式饮水器。

第六节　清粪设备

大规模的畜牧场，畜禽饲养数量多，每天都要产生大量的畜禽粪便，如果处理不当，不仅严重影响畜禽的生产（传染疾病），还会污染周围的环境。加上清粪工作劳动强度大，因此，采用机械清粪势在必行。

一、畜牧场的清粪方法及粪便处理

畜牧场的清粪作业，包括清除粪便和粪便处理两方面。由于畜禽的种类和饲养方式不同，清粪和粪便处理的方法也各不相同。

养猪场的清粪方法主要有缝隙地板水冲清粪，往复刮板清粪和清粪车清粪。粪便处理有堆积发酵、沉淀净化、沼气法、充气氧化及机械脱水等方法。国内目前主要采用前三种方法。

养鸡场的清粪方法主要有定期清粪和经常清粪两种。定期清粪适用于高床笼养、网上平养和地面垫料平养等饲养方式。一般每隔一个饲养周期（数月或一年）清粪一次，国内主要靠人工、推车清粪。经常清粪适用于网上平养和笼养方式。每天用刮板式（叠层式笼养用输送带式）清粪机将粪便沿纵向粪沟清除到鸡舍一端的横向粪沟内，再由粪沟内的横向螺旋式清粪机将鸡粪清除至舍外。

此外，畜禽粪便饲料化，已成为引人注目的课题。把鸡粪经过处理掺入饲料喂猪、牛、鱼等已被广泛应用。因此，鸡粪除自然堆积发酵作为肥料外，其他机械加工方法如充氧动态发酵、热风干燥、发酵干燥、沼气处理、膨化和微波处理等，除能降低含水率、消除臭味外，还能杀虫灭菌。如果能进一步干燥，还可使干粪便长期保存甚至商品化。目前，各地正在积极探索和研制适合我国国情的粪便处理设备和工艺。

国内牛舍的清粪以人工、推车为主，在机械化程度较高的牛场，可用刮板式清粪机或水冲清粪的方法清除牛粪。

二、固定式清粪机

固定式清粪机的主要形式有纵向粪沟刮板式、横向粪沟螺旋式和输送带式。

（一）刮板式清粪机

刮板式清粪机是畜禽舍内常用的一种清粪机械。刮粪板可根据舍内粪沟的大小做成多种规格。在猪舍可用于地面明沟清粪，也可用于缝隙地板下面的暗沟清粪。在鸡舍可用于网上平养和笼养纵向粪沟清粪。还可用于牛舍粪沟的清粪。刮板式清粪机的动力设备简单，只需将驱动机构固定在舍内适当位置，通过钢丝绳并借助于电器控制系统，使刮粪板在粪沟内做往复直线运动进行清粪。

9FZQ-1800型刮板式清粪机适用于全阶梯式笼养鸡舍的纵向清粪工作。若将刮板装置作适当改进，也能适用于其他鸡舍的清粪工作。

该机主要由牵引装置、刮粪板、转角轮、涂塑钢丝绳、限位清洁器、清洁器和张紧器等组成（图2-69）。

减速电机输出轴将动力经一级链传动至主动绳轮，靠牵引钢丝绳与绳轮间的摩擦力获得牵引力，从而带动刮粪板进行清粪工作。刮粪板（图2-70）每行走一个往复行程即完成一次清粪工作。清粪时刮粪板自动落下，返回时刮粪板自动抬起。牵引钢丝绳的张紧力由张紧器调整，绳上的粪便由清洁器和限位清洁器清除。刮粪板往复行程由限位清洁器上的行程开关控制。牵引装置所能发挥的牵引力由安全离合器总成调整，并在牵引负荷超过安全值时起保护作

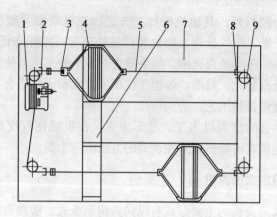

图 2 - 69　9FZQ - 1800 型刮板式清粪机平面图

1. 牵引装置　2. 限位清洁器　3. 张紧器　4. 刮粪板　5. 牵引钢丝绳
6. 横向粪沟　7. 纵向粪沟　8. 清洁器　9. 转角轮

用。当牵引钢丝绳张力下降，并在绳轮上打滑时，电器保护系统即
进行保护性停机。

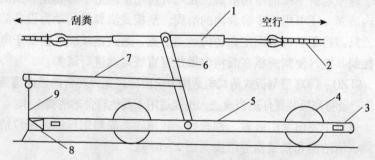

图 2 - 70　清粪机刮板结构示意图

1. 牵引杆　2. 钢索　3. 导向轮　4. 滚轮　5. 机架
6. 摆杆　7. 连杆　8. 挡板　9. 刮板

　　由于畜禽的饲养方式不同，舍内粪沟的配置形式也不一样。该
清粪机可根据舍内粪沟的列数配置成单列、双列和复式三种。

　　刮板式清粪机的清粪方法分为单程往复式和接力往复式两种。

单程往复式在粪沟内配置一块刮粪板，刮粪板往复循环一次，将粪便刮入横向粪沟内。其特点是刮粪机构简单，生产效率高，刮板体积较大，适用于较大的粪沟，缺点是清粪阻力较大。而接力往复式的清粪方法是每列粪沟内配置多块刮粪板，刮粪板往复循环数次，才能将粪便清完。但刮粪板每次的行程要大于刮粪板的间距。因此，这种清粪方法适用于宽度较小、长度较大的粪沟内配置。

9FZQ-1800型刮板式清粪机采用了涂塑钢丝绳，它比普通钢丝绳牵引力大、耐腐蚀、寿命长，一般一年左右需要更换一次。近几年采用尼龙绳做牵引件，其特点是耐腐蚀，使用寿命长，价格较便宜。但尼龙绳受拉力作用易变长需要经常调整张紧度，可以使用2~3年磨损后更换。

（二）9FHT-180型螺旋弹簧横向清粪机

该机是大中型养鸡场机械化清粪作业的配套机械。当纵向清粪机将鸡粪清至鸡舍一端的横向粪沟时，由横向清粪机将鸡粪输送至鸡舍外。它主要由电动机、减速箱、清粪螺旋、支板、头座焊合件、接管焊合件，尾座焊合件及机尾轴承座等组成（图2-71）。

该机的优点是结构简单，安装调试和日常维修方便，工作可

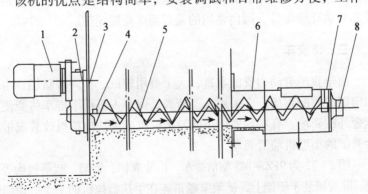

图2-71 螺旋弹簧横向清粪机结构示意图
1. 电动机   2. 减速箱   3. 支板   4. 螺旋头座   5. 清粪螺旋
6. 接管焊合件   7. 螺旋尾座   8. 尾轴承座

靠，故障少，清粪效率高。缺点是空载时噪音大。

（三）带式清粪机

在机械化鸡场的叠层式鸡笼上多采用带式清粪机。可以省去盛粪装置，鸡群的粪便可直接排泄在输送带上，工作时传动噪音小，使用维修比较方便，生产效率高，动力消耗少。粪便在承粪带上搅动次数少，空气污染少，有利于鸡的生长。但使用中出现的问题是输送带经使用后发生延伸变形而打滑，影响工作，需经常调整。

带式清粪机由驱动减速机构，传动机构，主、从动滚筒，输送带和托辊等组成。在主动滚筒一端还装有固定式除粪板和旋转式除粪刷。在从动滚筒上装有调整机构，一般多用螺杆调整输送带的紧度。调整时两边的紧度要一致，以防输送带走偏。

工作时，电动机经减速后通过传动链条驱动各层主动滚筒，利用摩擦力带动输送带运转，从动滚筒也随之转动。除粪刷以相反方向旋转，将输送带上的粪便刷到除粪板上，没有刷到的粪便又经除粪板再次刮除。除掉的粪便落入地面的横向粪沟内，再由横向清粪机将其送到舍外。由于输送带的工作长度较大，为防止输送带下垂，在输送带下面还装有托辊。输送带的材料有橡胶带、涂塑锦纶带和玻璃纤维带等。国内常用的是双面涂塑锦纶带。

三、清粪车

由于我国劳动力资源丰富，人工费用较低，在许多猪场、牛场和定期清粪的鸡场，多采用人工清粪。饲养人员用手推车将粪便推至舍外贮粪场。有些场家用小四轮拖拉机或手扶拖拉机改装成带有除粪铲的小型机动清粪车。

图2-72为9FZ-145型清粪车，由除粪铲、铲架、起落机构等组成。除粪铲装于铲架上，铲架末端销连在手扶拖拉机的一个固定销轴上。扳动起落机构的手杆，通过钢丝绳、滑轮组实现除粪铲的起落。

该清粪车除可用于猪场的清粪，也可用于高床（粪沟深1.8m以上）笼养和平养鸡舍的清粪。清粪车具有造价低、见效快、工

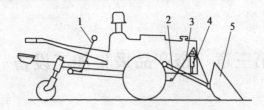

图 2－72　9FZ－145 型清粪车结构示意图

1. 起落手杆　2. 铲架　3. 钢丝绳　4. 深度控制装置　5. 除粪铲

作部件腐蚀现象不严重、采用内燃机作动力、不受电力的影响等特点。但在使用中粪铲两侧有溢粪现象，需用人工进行辅助清扫。另外，还存在着内燃机废气和噪声等污染问题。

复习思考题

1. 孵化机的类型有哪些？各有什么特点？

2. 对孵化机的要求是什么？

3. 孵化机由哪些部分组成？各有什么作用？

4. 育雏设备的类型有哪些？各有什么特点？分别适合什么饲养方式？

5. 鸡的笼养设备由哪些部分组成？

6. 鸡笼的组合方式有哪些？各有什么特点？

7. 喂饲系统由哪些部分组成？

8. 鸡用喂料机的类型有哪些？分别适合什么饲养方式？

9. 供水系统由哪些部分组成？

10. 离心式水泵的工作原理是什么？

11. 饮水器的类型有哪些？分别适合哪种动物的饮水？

12. 分别说明平养鸡用的饮水器和笼养鸡用的饮水器种类有哪些？各有什么特点？

13. 清粪的方法有哪些？

14. 刮板式清粪机适合什么动物的清粪？其工作方式有几种？

第三章 畜产品采集加工设备

畜禽生产的目的是生产人类所需要的肉、蛋、奶、皮、毛等畜产品，采用先进的机械设备可以改善劳动条件，提高畜产品的质量和产量。

第一节 挤奶设备

挤奶作业是奶牛生产中最重要的作业之一。传统的人工挤奶，劳动强度大、劳动生产率低、劳动条件差，不仅容易引起手部疾病，而且牛奶卫生质量无法保证。如用手工来完成，每工时只能挤4~5头奶牛，其劳动量将占总工作量的40%，且不易保证挤奶的卫生质量，如用机器挤奶并在设计良好的挤奶间进行，每工时可挤70~80头奶牛。因此，挤奶作业机械化与自动化是商品化牛奶生产的必要手段。

一、机器挤奶的生理要求

机器挤奶不仅要充分挤出乳房中的牛奶，而且还应有刺激奶牛排乳的作用，以保证奶牛在挤奶过程中处于明显的排乳状态并不损害乳房组织。

机器挤奶的工作原理应尽可能模仿小牛自然吸奶的动作。根据对小牛自然吸奶的观察研究，它的吸奶过程是：

①先用嘴含住乳头，使乳头与外界大气隔绝，并不断抽吸，在口腔内建立真空，以使乳头括约肌在内、外压力差作用下张开；

②牛奶流入小牛口中，达到一定量时开始咽奶；

③在咽奶过程中对乳头进行自上而下的压挤，并有短时间的停

歇，再重新吸奶。根据测定，小牛吸奶时口腔内建立的真空度为13.3～37.2kPa，在牛奶缺少时可达39.9kPa以上，小牛的吸奶频率为每分钟40～70次。

二、机器挤奶过程

机器挤奶是利用真空抽吸的作用将牛奶吸出来的。挤奶器的工作部件是四个挤奶杯，挤奶时挤奶杯套在奶牛乳房的四个乳头上。挤奶杯由两个圆筒构成，外部为金属圆筒或塑料圆筒，内部为橡胶筒。挤奶杯套在乳头上时，乳头下的小室称为乳头室，橡胶筒与金属筒壁间的小室称为壁间室。按照工作过程，挤奶器可分二节拍和三节拍两种不同的形式。

（一）二节拍式挤奶过程

工作时有吸吮和压挤两个节拍，见图3－1a。在吸吮节拍时，乳头室和壁间室都为真空，橡胶筒处于正常状态，由于乳房内部与乳头室的压力差，使乳头括约肌开放，牛奶被吸入乳头室，并由此进入输奶和贮奶设备。在压挤节拍时，乳头室仍为真空，壁间室进入了大气，橡胶筒在壁间室和乳头室之间的压力差的作用下，对乳头进行了压挤，使乳头括约肌关闭，牛奶停止流出。压挤节拍能起按摩刺激作用，有利于乳头血液流通和增加排乳反应刺激。工作时的真空度为46.6～51kPa，脉动频率为每分钟40～70次，吸吮和压挤的脉动比率为50：50～75：25。二节拍式挤奶器的挤奶速度快，有较高的生产率，在各国得到了广泛的应用，我国现在采用二节拍的挤奶器较多。

（二）三节拍式挤奶过程

工作时在吸吮和压挤两个节拍之后还增加一个休息节拍，见图3－1b。此时，挤奶杯的乳头室和壁间室均为大气压力，由于橡胶筒内外压力相等，所以橡胶筒又恢复到正常状态。乳头处于正常大气压力下，有利于恢复血液循环。工作时的真空度为46.6～51kPa，脉动频率为每分钟50～60次，吸吮、压挤和休息的脉动比率为 60∶10∶30。三节拍式挤奶器是原苏联 1937 年开始建立的。它比较符合小牛的自然吸奶过程，不易引起乳房疾病，但挤奶速度低，挤奶杯易脱落，奶不易挤净，应用已日益减少。

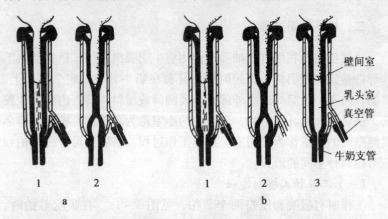

壁间室

乳头室

真空管

牛奶支管

1　　　　2　　　　　　　1　　　　2　　　3

a　　　　　　　　　　b

图 3 – 1　挤奶的工作过程

a. 二节拍式　b. 三节拍式

1. 吸吮节拍　2. 压挤节拍　3. 休息节拍

三、机器挤奶的性能要求及影响因素

机器挤奶的性能要求主要是挤奶速度、挤奶延续时间和挤干奶量（即最后用手挤净的奶量）。机器挤奶速度必须符合奶牛的泌乳特性。不同奶牛的最高泌乳量分别产生在第 1、2 和 4min，至 4～6min 时泌乳全部完毕。所以要求挤奶前的准备工作（清洗乳房等）应在 1min 内完成，挤奶机的挤奶速度为 30～35g/s。挤奶延续时间应为 4～6min。挤干奶量是挤奶机的另一重要性能，对于机器挤奶要求能完全挤净而不需要用手补挤。影响挤奶机工作性能的主要工作参数有真空度、脉动频率、节拍比等。

（一）真空度

真空度对挤奶机工作性能的影响见图 3－2。提高挤奶真空度，挤奶速度也随着提高，挤奶延续时间随之减少，但是会加速挤奶杯向上爬动，引起奶牛乳房内乳导管的拥塞，使挤干奶量显著增加。另一方面，根据实际测定，在真空度增加到一定程度后，挤奶速度增长很慢。所以常采用的真空度为 42.5~50.5kPa，以便在较高的挤奶速度下达到最少的挤干奶量。

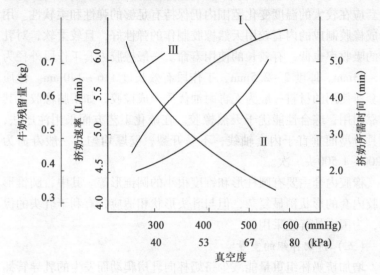

图 3 - 2　真空度对挤奶机工作性能的影响

Ⅰ. 挤奶速度　Ⅱ. 牛奶残留量　Ⅲ. 挤奶所需时间

（二）脉动频率

每一脉动周期包括各个节拍所持续的时间之和。脉动频率为每分钟的脉动周期数。提高脉动频率能提高挤奶速度，但会引起乳头括约肌的疲劳，而脉动频率过低，则会延长吸吮节拍时间而引起乳头充血。合适的脉动频率为 45~70 次/min。

（三）节拍比

吸吮节拍延续时间占全脉动周期的百分数称为节拍比，提高节拍比即延长了吸吮节拍时间，故能提高挤奶速度，但也易引起乳头充血，特别是在牛奶挤完后对乳头的危害更大。一般节拍比为50%~70%。脉动频率低时节拍比取小值，脉动频率高时，节拍比取大值。

（四）挤奶杯内套的结构

挤奶杯内套的孔径、长度、张力和弹性会使机器挤奶所需时间有 10% ~ 15% 的差异。制造内套的材料对乳头的作用影响较大，内套应在较大的温度变化范围内仍保持有足够的弹性和柔软性。用合成橡胶制成的内套较用天然橡胶制作的弹性好，且较柔软，对乳脂的吸收率也低，有较长的使用寿命。一般橡胶内套工作段外径为 25 ~ 33mm，厚度 2 ~ 2.5mm，工作段有效长度 116 ~ 140mm。优质内套所使用的材料一般为无毒耐油优质合成橡胶，如丁腈橡胶，其可靠耐用，综合性能优于天然橡胶。在硫化工艺方面采用注压法，模具分型面垂直于内套轴线，不易开裂，壁厚均匀，一般寿命为 1 200 ~ 1 500 头·次。

橡胶内套主要有圆柱形和锥度很小的圆锥形等。其中，圆锥形橡胶内套的形状稍显复杂，但与乳头形状相适应，有利于乳头的保健，为国内外普遍采用。

（五）挤奶杯组的重量

增加挤奶杯组重量能减少挤奶杯向乳房爬动而发生的乳导管拥塞，使挤干奶量减少。但挤奶杯过重易引起奶杯脱落，一般挤奶杯组（包括集乳器）总重不超过 3kg。

四、挤奶器和真空装置

任何挤奶设备都由挤奶器和真空装置两大部分组成。挤奶器是机器挤奶的基本设备，而真空装置则是挤奶器的动力设备。根据挤奶规模的大小，在装置中可配有若干套相同的挤奶器。挤奶器主要包括脉动器、集乳器和挤奶杯三个基本部分以及相互连接的橡胶软管。

（一）挤奶器

1. 挤奶杯 挤奶杯（图 3 - 3）是挤奶器的执行机构。外壳圆筒常由不锈钢、铝合金或塑料制成，其末端的形状与内套的设计相适应，中部装有与脉动室连通的真空支管，以输入可变真空。内套在圆筒两端应严密封口，以防空气泄入脉动室。用天然橡胶制成的内套表层需经防吸收脂肪的处理。挤奶杯有组合式和整体式两种。

组合式挤奶杯由内套和外壳两个以上零件组合而成。内套长度可调，内套和短奶管可以分别更换，但安装烦琐，且易在内套与短奶管的结合部积存奶垢，不便于清洗。

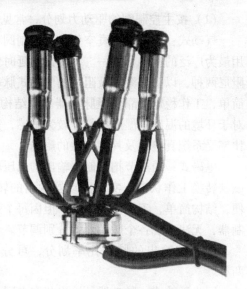

图 3－3　挤奶杯组外形图

整体式挤奶杯只有两个零件——奶杯内套和外壳，奶杯内套与短奶管制造为一体结构，外壳也为整体结构。为调节内套的预张紧力，内套下部设有三个环形槽。这种挤奶杯结构简单，便于拆装，奶杯内套与短奶管连接处过渡圆滑，不易积奶垢，易于清洗。缺点是内套和短奶管只要有一部分损坏就必须整体报废。因其性能优越，目前实际生产中使用的多数为整体式挤奶杯。

2. 脉动器　用来将真空泵形成的固定真空变为挤奶杯所需要的可变真空。

脉动器的形式很多，分类也很多，传统上主要按挤奶器作业中每个脉动周期内的节拍数量分为两节拍式和三节拍式，目前，三节拍式已很少使用，实际生产使用的多为两节拍式，其输出使挤奶杯在整个脉动周期中仅包含吮吸和按摩两个节拍。现对两节拍式分述如下。

（1）按主控制阀的驱动力划分，常见有气动式和电磁式两种。

气动式：利用系统真空作为主控制阀移动的动力源，是目前应用最为广泛的脉动器之一。其内部起延时作用的阻尼有气阻尼和液阻尼两种，以防冻液为液阻尼的气动式脉动器性能最为优良。系统简单，工作稳定可靠，但脉动器本身结构复杂，制造工艺要求高，对于环境的温度、湿度和粉尘较为敏感，其输出的脉动频率和脉动比率受系统真空度及其稳定性的影响。

电磁式：通过节拍控制器输出的低压脉动电流，使脉动器的电磁铁转换工作状态，实现脉动器输出的转换。这种脉动器调节方便，结构简单，工作稳定可靠。但因每个系统仅配置的一个节拍控制器，无法实现各个脉动器的分别调节。

（2）按输出的脉动比率划分，可分为同步脉动和异步脉动两种。

同步脉动式：脉动器的输出状态在同一时刻仅为一个，四个挤奶杯内套同步完成同一动作。其结构简单，并可减少各乳区之间的交叉感染，但对于系统的抽气储备量要求较高，以免造成系统真空度过大的波动，影响挤奶作业。

异步脉动式：脉动器的输出状态在同一时刻不止一个。交替脉动式的输出使得四个挤奶杯内套中的两个与另外两个动作的相位差为180°，而顺序脉动式则使得四个挤奶杯内套动作的相位顺序相差为90°。这种顺序脉动式脉动器可使系统真空度的波动最小，但结构复杂。但各乳区之间的交叉感染机会较多。由于交替脉动式具有同步脉动和顺序脉动的优点，目前使用最为广泛。

（3）按脉动比率划分，分为单脉动式和双脉动式两种。

单脉动式：在交替脉动式脉动器的输出中，相位差180°的两个脉动比率相同，用于前后乳区产奶量相差较大的奶牛时易导致过度挤奶现象。

双脉动式：对于前后乳区的挤奶杯按不同的脉动比率输出，目的在于尽量使前后乳区的牛奶同时挤净。目前，较为先进的脉动器均为这种形式。

（4）典型脉动器的结构及工作过程。

①气动液阻尼式脉动器。图3-4所示为一双室式气动液阻尼脉动器，该脉动器主要由左、右液囊，左、右气室，摆杆，主控制阀，辅助控制阀，中心轴、器体等组成。两液囊内充满防冻液，并通过中心轴内的量孔连通。工作时除了气室压力变化外，还利用液体在密封系统内的往复流动来推动橡胶膜片和连接两膜片的空心连杆，再由连杆带动真空分配阀和转换阀，使可变真空接头定期输出真空压力与大气压力。两橡胶膜片将双体脉动器分隔成四个小室。膜片外侧为充满液体的两个小室Ⅰ、Ⅱ，膜片内侧的两个小室Ⅲ、Ⅳ为可变真空室，通过沟道和转换阀定期与真空或大气相通。脉动器体中部的空腔内是一与连杆连在一起的真空分配阀。当分配阀在右侧位置时，将真空分配到右边的可变真空接头，并使左边可变真空接头输出大气压力（使前后乳房区的挤奶杯内同时产生不同的节拍）。此时转换阀将真空分配到可变真空Ⅳ室，空气输入室Ⅲ，

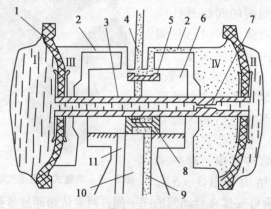

图3-4　双室式气动液阻尼式脉动器工作图

1. 橡胶膜片　2. 连通通道　3. 连杆　4. 固定真空接头
5. 转换阀　6. 脉动器体　7. 限流器　8. 分配阀
9、11. 可变真空接头　10. 通大气孔

因此室Ⅳ的压力逐渐变小，室Ⅲ的压力逐渐变大（接近大气压力），在膜片两侧压力差作用下，连杆开始向左侧运动，使室Ⅰ内的液体经连杆中心沟道和限流器向室Ⅱ流动。当转换阀和分配阀随连杆到达左侧临界位置时，由加速弹簧（图中未表示）使其迅速达到左端。分配阀将真空分到左可变真空接头，右可变真空接头输出大气压力。同时转换阀将真空分配到室Ⅲ，大气通向室Ⅳ，即产生与上述相反的作用，如此反复循环。限流器对液体的流动产生阻尼作用，故调整限流器的孔道大小可相应改变脉动频率。这种脉动器的优点是工作稳定可靠，不受外界温度影响，使用寿命长。由于乳房前后区的挤奶杯非同时形成吸吮和压挤节拍，故对真空泵的负荷较均匀，有利于维持真空管道内真空的稳定，在国际上较流行。但结构复杂，不易装拆和清洗。

这种脉动器的脉动频率取决于中心轴内量孔的大小，左右输出接管的脉动比率取决于主控制阀的阀座开孔位置，在制造商出厂时已经调节好，使用者无法调整。这种脉动器常用的脉动参数：脉动频率 55 次/min，前乳区脉动比率 62%，后乳区脉动比率 70%。

为使结构紧凑，有些采用单室式结构（图 3 – 5），

图 3 – 5 单室式液阻尼气动脉动器

其左右液囊可安排在脉动器的同一侧，两者依然通过量孔连通，液囊两侧设置气室。

②电磁式脉动器。图 3 – 6 所示为直通电磁式脉动器的断面图，图 3 – 7 所示为一种直通电磁式脉动器工作图。由线圈、铁芯、上阀门、下阀门和外壳组成。外壳顶部开设有与大气连通的孔洞，壳

底部开设有与系统真空连通的孔洞，侧面开设有与挤奶杯脉动室连通的孔洞及接管。

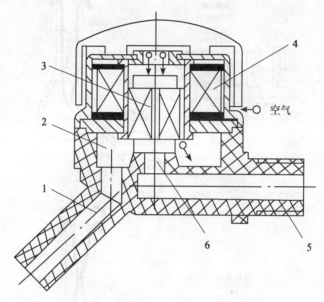

图 3－6　电磁式脉动器断面图
1. 可变真空接头　2. 可变真空室　3. 电磁阀门
4. 电磁线圈　5. 真空接头　6. 固定真空

　　当节拍控制器输出处于高电位时，线圈内通过电流，铁芯被吸起至上极限位置，上阀门被关闭，下阀门被打开，与之连通的挤奶杯脉动室处于真空状态，挤奶杯进入吮吸节拍；当线圈断电后，铁芯下落，关闭下阀门，同时开启上阀门，与之连通的挤奶杯脉动室处于大气状态，挤奶杯进入按摩节拍，完成一个循环。

　　工作时，线圈内是否通过电流由另外配置的节拍控制器控制。输出的脉动参数是在节拍控制器上进行调节的。当控制器无电信号输出时，脉动器阀门关闭，真空管道内的真空不能通过脉动器输出。此时空气从空气进入孔进入可变真空室，并通过可变真空管道

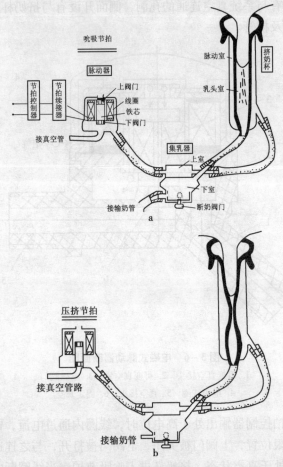

图 3-7 直通电磁式脉动器工作图

a. 吸吮节拍 b. 压挤节拍

向集乳器输送，为脉动器的大气节拍。当控制器输出电信号时，电流经导线进入脉动器内的电磁线圈，电磁阀被线圈产生的电磁力向上吸起，空气进入孔关闭，真空输入孔打开，真空即通过可变真空软管进入集乳器，形成脉动器的真空节拍。脉动器采用直流电源，电压为 12V，节拍需要的电流为 0.5～0.75A。金属真空管道可作为电磁线圈的公共回路。这种脉动器的优点是工作稳定，不受温度和湿度影响，但都受统一的节拍控制器控制，只能以相同的脉动频率和脉动比工作，不能作单独调整。

这种简单的电磁式脉动器的主要问题是阀门关闭不严密，而且一

图 3-8　电磁式脉动器外形图

般采用同步脉动。新型电磁式脉动器，采用诱导式工作方式，如图 3-8 所示，提高了挤奶杯脉动室气路阀门的密封性能，一般可采用双脉动。

3. 集乳器　集乳器的作用是将脉动器输送来的可变真空分配到挤奶杯的脉动室，并将真空泵的固定真空分配到乳头室以及汇集牛奶到奶桶或经牛奶输送管道至计量器和集奶罐。

图 3-9 所示为集乳器，它由器体和顶盖等部分组成。顶盖是一可变真空分配室，与器体下部隔绝，由不锈钢制成。盖上装有若干短管接头，分别用橡胶软管与脉动器和挤奶杯脉动室的接管相连接。器体是集乳室，由透明塑料制成，以利于观察奶流的流动情况，其上的接管通过橡胶软管与挤奶杯乳头室和通有真空的奶桶（或集奶罐）相连。器体底部有一能自动关闭牛奶流出接管的橡胶阀。开始工作时应用手工上推橡胶阀，使其脱离牛奶接管的管口并将挤奶杯套上乳头，奶桶（或集乳罐）内的真空即可进入集乳室和挤奶杯的乳头室。牛奶流入集乳室后经流出接管流向奶桶（或

集乳罐），当流入集乳室内的牛奶量大于流出量时，奶液平面升高，橡胶阀由奶液平面保持在上位置。挤奶临近结束时牛奶流入量小于流出量，集乳室内的奶液平面降低，橡胶阀下落，逐步封闭牛奶流出接管的管口，使进入集乳室和乳头室的真空度降低，有利于防止乳头受高真空的刺激。在挤奶杯被取下（或自动脱落）时，大量空气由乳头室进入集乳室，使橡胶阀完全封闭牛奶流出接管的管口，避免因大量空气进入奶桶而使真空管路内的真空度迅速降低。为使集乳室中的牛奶能顺利流出和降低奶液平面高于出口高度时所形成的静压，在集乳器盖中心设置一直通集乳室的圆孔道，孔径为 0.8mm（每分钟可通过 7L 的空气量）。

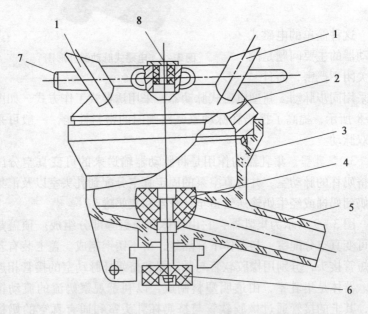

图 3 - 9　集乳器断面图

1. 可变真空支管接头　2. 顶盖　3. 器体　4. 橡胶阀
5. 牛奶流出接管　6. 止吸阀　7. 可变真空接管　8. 中心通气孔

集乳器上一般应设有止吸阀，用以在挤奶结束时切断挤奶杯乳头室内的真空，保护乳头，避免大量空气泄入真空管道而引起的系统真空度过度波动，并减少摘卸挤奶杯的阻力。

挤奶器工作时脉动器与集乳器、挤奶杯、奶桶（或输奶管路上的集奶罐）一起形成二节拍的挤奶工作过程（图3-10）。固定真空不断地供给集乳器的集乳室和挤奶杯的乳头室，当脉动器输出真空时，经集乳器可变真空室将真空分配给各挤奶杯的脉动室，形成挤奶器的吸吮节拍（图3-10a）。当脉动器输出大气压力时，集乳器对挤奶杯脉动室输送大气压力，使内套在内外压力差作用下收拢，形成压挤节拍（图3-10b）。

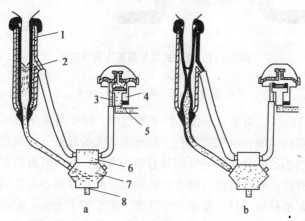

图3-10 二节拍的挤奶工作过程

a. 吸吮节拍 b. 压挤节拍

1. 挤奶杯脉动室 2. 乳头室 3. 脉动器可变真空输出接管

4. 脉动器空气进入管 5. 固定真空管 6. 集乳器可变真空室

7. 集乳室 8. 牛奶流出接管

（二）真空装置

真空装置包括真空泵、真空罐、真空表、真空调节器和真空导管，除真空导管外都可组装在一个机组内。

1. 真空泵 常用于挤奶器的真空泵是 XD 型旋片式真空泵

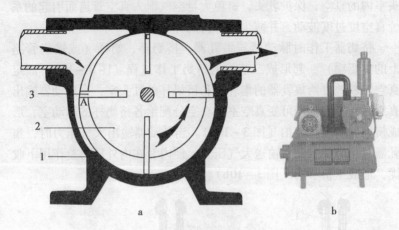

图 3 – 11　旋片式真空泵简图与外形图

a. 简图　b. 外形图

1. 泵壳　2. 偏心转子　3. 滑动叶片

（图 3 – 11）。它由泵壳和偏心转子等组成。转子与泵筒之间形成一个月牙形的空间，吸气管装在空间逐渐增大的部分，排气管装在空间逐渐缩小的部分。转子径向开有四个滑槽，槽内嵌有由石棉织品制成的叶片。转子按逆时钟方向转动时，叶片在离心力作用下被甩出并与泵壁接触，从而形成四个气室。由于转子为偏心配置，故叶片在凹槽内不断进出，致使泵壳左边的空气室容积不断增加，形成真空，空气通过吸气管被吸入泵壳，右边的气室不断缩小，其中的空气不断被压缩，压力增加，并通过排气管排出。滑动叶板的顶端镶嵌有石墨的衬块，用来减少磨损和增加密封性。目前多用高分子化合物与纤维熔压制成的叶片，使用时只需要添加少量的润滑油。润滑油通过两侧泵盖上的孔进入泵壳，对泵壳内壁和叶片进行润滑和起密封的作用。旋片式真空泵的优点是抽气均匀、噪音小、消耗功率也少，但工作时要消耗一定数量的润滑油（随排气时排出）。在使用时间较久后，由于磨损而使叶片与泵壳的密封性能降低，会使抽气量和能建立的真空度显著下降，一般来说，使用五年后的抽气量将减少 50%。

真空泵的抽气量除必须满足挤奶器正常工作所需的抽气量（每一套挤奶器每分钟需抽气 60L）外，还应加上必要的贮备量。根据挤奶国际标准推荐：具有 10 套挤奶器工作的管道式挤奶装置，必须的抽气量为 100 + 60 ~ 72（L/min）和必须的贮备量为 100 + 25 n（L/min）；对于提桶式挤奶设备为 50 + 60 n（L/min）和 40 + 25 n（L/min）（n 为同时开动的挤奶器数）。用在管道式挤奶设备上的抽气量（容量）在 150 ~ 3 000L/min 范围内，相应的功率为 0.4 ~ 4kW。XD-100 型真空泵的抽气量为 1 600L/min，最大真空度可达 95.8kPa，转子转速为 1 450r/min，所需功率为 2.2kW。

2. 真空罐　为一中空的铁罐，安装在机架的下方。它能稳定管路内的真空，聚集泥垢和被吸入管路内的液体。罐上装有两个接头，其一与真空泵吸气管相连，而另一个则与真空管路相连。罐下方装有排液阀，应定期打开进行清洗。为了防止罐内聚积的液面过高而被吸入真空泵，有些真空罐的内部还加装浮子阀门，浮子随液面升高到最高限度时，阀门将通往真空泵的吸气管堵塞。

3. 真空调节器　用来自动调节真空管路中的真空度，使其保持在正常范围（46.6 ~ 53.2kPa）内，以避免由于真空管路上同时使用的挤奶器数不同而引起管路内真空度的变化。有配重式和弹簧式两种。

（1）配重式真空调节器：由器体、阀门和配重等组成（图 3 - 12）。配重内装有沙子，通过钩子挂在阀门杆上。如真空管路内的真空度超过规定值，外界大气作用在阀门上的向上力增加，克服配重重量后，抬起阀门，进入真空管路内的空气增加，使真空度降低到应有的数值。改变配重内的装沙量，可调节管路内所保持的真空度。配重式真空调节器结构简单，能保持管路内有较精确的真空度，但需保持配重处于较稳定的垂直位置，故不适应于移动式挤奶设备。

（2）弹簧式真空调节器：以作用在阀门上的弹簧压力来代替

配重的重力。调节器能牢固地安装在调节阀座上，但所控制的真空度会由于弹簧变形程度的提高而升高，故控制真空的精确度不如配重式。

图3-13所示为一种弹簧式真空调节器。由器体、阀门、阀门座、压力弹簧、罩盖等组成。平时阀门在弹簧压力作用下紧闭在器体的阀门座上，当管路内的真空度超过规定值时，阀门下端负压增加打破平衡，向下力克服弹簧压力使阀门打开，空气通过空气孔进入管道，直到达到规定值，在弹簧力作用下重新关闭阀门座孔。弹簧预应力可通过转动罩盖来调节。

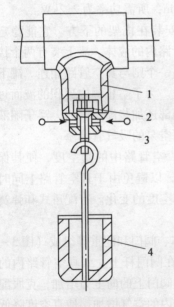

图3-12 配重式真空调节器

1. 器体 2. 阀门

3. 阀门座 4. 配重

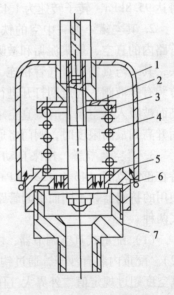

图3-13 弹簧式真空调节器

1. 罩盖 2. 阀门杆 3. 弹簧座

4. 压力弹簧 5. 阀门座

6. 阀门 7. 器体

为发挥两种结构形式的长处，在新型真空调节器上采用了混合结构，将重锤与压缩弹簧联合使用在同一真空调节器上，其性能优于前两种，但结构较为复杂，因灵敏度高，已被广泛采用。

真空调节器的性能可从两个方面评价：在标准试验条件下，应使真空管路内的真空度稳定在规定值的 ±2kPa 范围内；在管路内真空度低于规定值 2kPa 时，由调节器阀门处泄入大气的速度不大于 35L/min 或真空泵抽气量的 8%。

4. 真空管路和真空开关　真空管路用来输送和分配真空到各个挤奶点。管路通常采用镀锌钢管铺设。为了减少气流在管内流动时因克服管路阻力所形成的真空压力差，管子内径应与真空泵的抽气量相适应。在抽气量小于 300L/min 时，管径为 25mm；300 ~ 600L/min 时为 32mm；600 ~ 1 000L/min 时为 38mm；1 000L/min 时为 51mm。管路中央应向两端有 0.2% 的倾斜度，并在末端处装有放水开关。

真空开关用来接通或关闭通入挤奶器的真空。在装开关的真空管路处钻有直径 10mm 的小孔，并焊有装开关的螺纹接头，开关安装在接头上，与管路中心线成 45°（图 3 – 14），以防真空管路内的水分和污物直接进入牛奶容器。扳动阀门手柄，使阀门孔道与螺纹接头孔道相通，此时管路内的真空可通过阀门输出。在阀门壁对着螺纹接头孔道时，真空停止输出。

五、挤奶设备的类型和组成部分

根据需要在挤奶器和真空装置上添加若干附属设备后，可组成不同类型的挤奶设备，以适应不同的奶牛饲养制度、挤奶组织方式和各种机械化水平的要求。目前我国使用的挤奶设备有提桶式、移动式、管道式、挤奶间式等类型。

（一）提桶式挤奶设备

提桶式挤奶设备是将真空装置固定在牛舍内，挤奶器和可携带的挤奶器桶装在一起（图 3 – 15）。通常将脉动器装在挤奶器桶盖上或装在真空接头上，通过接在真空管路上的橡胶软管和桶盖连接

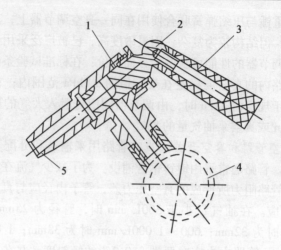

图 3 – 14 真空开关的安装简图

1. 密封圈 2. 阀门 3. 阀门手柄 4. 真空管路 5. 真空开关接头

到挤奶器桶。由于挤奶器桶内的真空度和盖上的密封圈，使桶盖紧闭在挤奶器桶上。挤奶时用手工将挤奶器桶和相应的集乳器、挤奶杯组一起提往奶牛处进行挤奶，挤下的牛奶直接流入挤奶器桶，挤完的牛奶需用人工倒入集奶罐。适用于拴养牛舍。

提桶式挤奶设备由于工作时辅助手工操作多，不易提高挤奶生产率和牛奶易受牛舍内空

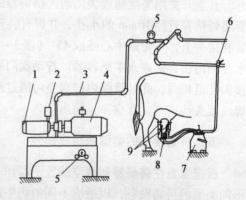

图 3 – 15 提桶式挤奶设备

1. 电动机 2. 真空泵排气管

3. 真空管路 4. 真空泵

5. 真空表 6. 真空开关

7. 挤奶器桶 8. 集乳器

9. 挤奶杯

气污染的影响，在奶牛业发达的国家提桶式挤奶设备已逐步被管道式挤奶设备替代。

（二）移动式挤奶设备

移动式挤奶设备是将真空装置、挤奶器和集奶桶都组装在一个手推的小车上，省去了安装在牛舍内的真空管路。挤奶时将小车推到奶牛处，可同时对1～2头奶牛挤奶，适用于10～40头奶牛的小型奶牛场和奶牛专业户。国产9JNC2型、JN-1型和JNCH-1型挤奶设备都属此类型。

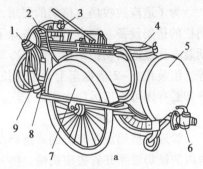

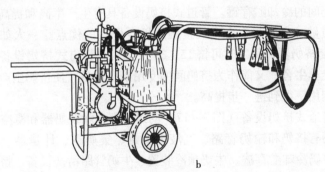

图3-16 移动式挤奶设备

a. JNCH型挤奶设备 b. 无集奶罐的小型移动式挤奶设备

1. 集乳器 2. 脉动器 3. 真空度控制器 4. 奶罐盖 5. 集奶罐

6. 放奶开关 7. 小车 8. 牛奶计量器 9. 挤奶杯

图3-16a所示为上海乳品机械厂生产的JNCH型挤奶设备。它将集奶罐、挤奶器、计量器等组装在一个手推车上。真空装置仍固定安装在牛舍内。随小车转移可依次为奶牛挤奶，挤下的牛奶经计量器计量后直接流入集奶罐，可节省手工转运和倒空挤奶器桶的

劳动。图3-16b所示为无集奶罐的小型移动式挤奶设备，由单相电动机（220V）带动真空装置工作，用挤奶器桶到奶牛处挤奶，结构简单，操作方便，价格低廉，在许多奶牛饲养户中已得到广泛应用。

为了适应放牧场上挤奶的要求，国外还生产一种称为移动式挤奶栏的挤奶设备。整套挤奶设备除了有真空设备和挤奶器外，还包括装有顶篷的活动挤奶栏、牛奶冷却贮存罐、动力装置、热水装置等。组装在1~2辆拖车上，由拖拉机牵引驶往牧场，其中的牛奶冷却贮存罐可直接运往牛奶加工厂。

（三）管道式挤奶设备

管道式挤奶设备与提桶式挤奶设备的区别在于增设了固定在牛舍内的输奶管路并省去集奶桶，挤下的牛奶可直接通过输奶管路进入牛奶间的冷却贮存罐。管道式挤奶设备具有生产率高和提高牛奶卫生质量（牛奶与牛舍空气接触的机会少）的优点。一人如管理3~4套挤奶器，每工时可挤15~35头奶牛。管道式挤奶设备既可用于拴养牛舍，又能作为挤奶间的专用挤奶设备，使挤奶生产率和设备利用率得到进一步提高。

管道式挤奶设备（图3-17）的组成部分除挤奶器和真空装置外，还有挤奶和输奶管路、气液分离罐、集奶罐、计量器、输奶泵、牛奶冷却贮存罐、牛奶预冷装置、牛奶管路清洗设备、挤奶杯自动摘除装置等。

1. 挤奶和输奶管路　单独分开的挤奶真空管与脉动器真空管一样用镀锌钢管铺设。输奶管路（或挤奶—输奶管路）用不锈钢管或硼硅玻璃（便与观察牛奶在管内的流动）制成，内部应能承受100kPa的真空压力。管路应向集奶罐方向徐徐倾斜，以利于牛奶顺利流向集奶罐并不产生相互撞击的作用。

输奶管路的配置高度有高配管和低配管两种形式。高配管的输奶管路约为视线高度，对检修和观察管路内部的液体流动情况较方便，但需将牛奶提升到一定高度，会引起管路内真空的不稳定和对

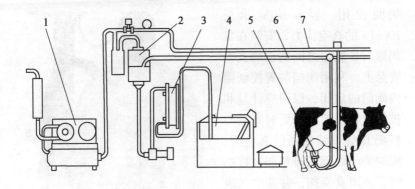

图 3-17　管道式挤奶设备工作原理图

1. 真空泵　2. 牛奶计量瓶　3. 冷却器　4. 贮奶罐
5. 挤奶杯　6. 牛奶管道　7. 真空管道

乳头产生高真空压力的刺激。低配管的输奶管路高度低于牛的站立位置，对牛奶输送有利，并能在管路内维持较稳定的真空和乳头不受高真空刺激，但对管路的检修较困难。

2. **牛奶计量器**　在现代化奶牛生产中，为了对牛群生产进行有效的管理，需要经常监测每头奶牛的产奶量。牛奶计量器就是这样一个器具，用来在挤奶过程中监测每头奶牛的产奶量，安装于集乳器和输奶管之间。

牛奶计量器按其工作原理可分为全量计量式和比例分流计量式。全量计量式将挤出的牛奶全部作为测量对象，而比例分流计量式则只按一定比例（通常不大于 3%）对于挤出的牛奶取样，以对于取样的测量代替全部牛奶的测量。全量式牛奶计量器的传统结构为玻璃计量瓶（图 3-18），用来计量每头奶牛一次挤奶的挤奶量。它是一个有计量刻度的玻璃瓶，容量不小于 23L，每一刻度间隔为 0.2kg。每头奶牛的整个挤奶中所被挤出的牛奶暂存于计量罐内，待奶牛的挤奶作业完成以后，直接读出牛奶液面位置（即牛奶量）。在人工记录时可采用目测方式，而自动记录时则采用超声波测出。这种结构的计量器结构庞大、笨重，无法移动，只适宜于挤奶间使用。容器应能承受100kPa的真空压力，安装在集奶罐与集乳器之间的输奶真空管路上。利用阀门装置控制罐内阀门的启闭，以适应计量和排奶过程需要。挤奶时开启与挤奶真空管路接通的真空阀，同时关闭底部的排奶阀；排奶时，关闭真空阀，并使空气进入计量器，打开底部的排奶阀，使计量器底部与输奶管路接通，牛奶在输奶真空管路内的真空压力作用下进入集奶罐。

3. 集奶罐　汇集由输奶管路输入的牛奶并由此通过输奶泵将其送到牛奶预冷却器和牛奶冷却贮存罐。集奶罐的最小容量不应小于23L，底部通过

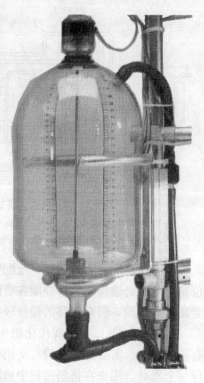

图 3 - 18　牛奶计量瓶

管道与输奶泵的吸入管相通。集奶罐装有自动控制内部奶液平面高度的装置，在罐内奶液平面达到预定高度后，能自动接通输奶泵的控制电路。输奶泵能在集奶罐内处于51kPa真空压力的情况下，将其中的牛奶输送到预冷却器和冷却贮存罐。输奶泵的流量为4 500～6 300L/h，扬程达3m。

4. 气液分离罐　是一玻璃容器，安装在真空罐与集奶罐之间，使通向真空罐的管路与有可能接触牛奶的真空管路分开，以防液体经真空管路泄入真空罐。其有效容积不应小于3L。分离罐内装有浮球阀，它能随罐内液面升高到超过许可范围后自动将通向真空罐的真空管路关闭，以防止液体进入真空罐。分离罐底部装有排

液阀。

5. 牛奶冷却贮存罐和预冷装置 冷却贮存罐是将牛奶在最有利的温度（≤5℃）下进行短期（2~3天）贮存。设置在专门的牛奶间内，通常都配置有制冷设备。

牛奶预冷却装置用来对牛奶进行进入贮奶罐之前的预冷却。刚挤下的牛奶温度为35℃，而贮奶罐中的牛奶温度为4℃，如两者直接混合，则会使温度较高的牛奶产生涡流并使其中的脂类分解（类脂物转化成甘油和挥发性脂肪酸），牛奶发生变味。所以在牛奶进入贮奶罐之前，应先进行预冷却，以提高牛奶的质量，还可节省部分能源消耗。牛奶预冷却装置常为片式或管式冷却器（图3-17），串联安装在输奶泵与牛奶冷却贮存罐之间的输奶管路中，冷却器的载冷剂可用普通的自来水、井水或冰盐水。

片式冷却器（俗称冷排）由一组冲压成波纹形的不锈钢板依次叠压而成（见图3-19）。钢板厚为1~1.2mm，其边缘都由密封垫密封，并形成4~10mm宽的空腔。牛奶和载冷剂在相邻的空间内相互作逆向流动，牛奶的热量通过板壁传给载冷剂，两者分别用泵输送，并由奶泵的启动器同步控制。片式冷却器的优点是热传导效率高，水耗比小，牛奶在封闭的空间内流动，不受空气污染，结构紧凑。有时它也作为牛奶从管路进入贮奶罐之前的预冷设备。片式冷却器是热交换器，即用于冷热流体之间热量交换的设备。因此，也能用作牛奶高温灭菌用的加热消毒器，此时，以高温蒸汽代替进入冷却器的载冷剂。

近几年采用直接制冷装置的贮奶罐（图3-20），挤后的牛奶经过计量后直接进入贮奶罐，由制冷装置使牛奶冷却，用搅拌器不断搅拌，使牛奶温度均匀，并避免牛奶脂肪漂浮分离。贮奶罐的容量有1t、2t、3t、5t、10t、20t等，常用于遍布奶牛饲养区的挤奶站内，结构形式有卧式和立式两种，立式贮奶罐常用于乳品加工企业。

6. 清洗设备 用来清洗挤奶后残留在牛奶管道壁上和容器内表面上的奶垢以及杀死残留在上面的微生物。早期国际上较流行的

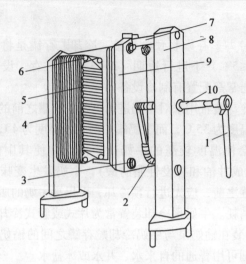

图 3 – 19 片式冷却器的结构

1. 压紧扳手 2. 下导杆 3. 管接头 4. 前支架 5. 热交换片
6. 橡胶垫圈 7. 上导杆 8. 后支架 9. 压紧板 10. 压紧螺杆

图 3 – 20 卧式直冷式贮奶罐

是用蒸汽灭菌的方法，后以化学洗涤剂代替蒸汽，近些年来又采用
在洗涤剂中加热水的办法来进一步提高清洗和杀菌效率。

用热水加洗涤剂清洗管道的清洗装置由设在一端的热水箱、洗涤剂添加箱和阀门系统等组成（图3-21）。

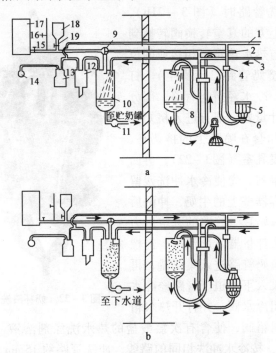

图3-21　带有洗涤设备的管道式挤奶设备

a. 挤奶时的牛奶流程　b. 洗涤管道时的流程

1. 脉动器用真空管路　2. 挤奶真空管路　3. 输奶真空管路　4. 脉动器
5. 挤奶杯　6. 集乳器　7. 挤奶杯洗涤喷嘴　8. 计量器（瓶）
9. 挤奶-洗涤转换阀　10. 集奶罐　11. 输奶泵　12. 气液分离罐
13. 真空罐　14. 真空泵　15. 热水阀　16. 冷水管路阀门
17. 热水箱　18. 洗涤液箱　19. 洗涤液阀

在挤奶时（图3-21a）关闭热水箱和洗涤剂添加箱的阀门，并将集奶罐上方的真空转换阀转换到使罐内真空与挤奶真空管路相通。挤奶管路的真空经计量器、牛奶软管和集乳器的集乳室，进入挤奶杯乳头室。挤下的牛奶进入计量器计量后经输奶管路、集奶罐后由输奶泵将其泵入牛奶冷却贮存罐（或先经牛奶冷却器后进入贮奶罐）。

在清洗管路时（图3-21b），将集奶罐上方的真空转换阀转换到挤奶管路与热水箱管路相接通的位置（此时挤奶管路已无真空）。打开冷水阀，冷水经挤奶管路，部分进入牛奶计量器，部分进入挤奶杯清洗喷嘴和套在喷嘴上的挤奶杯、集乳器的集乳室（图3-22），再回到牛奶计量器。先使冷水冲洗残留在管壁和容器壁上的牛奶，冲洗后的液体在输奶真空管路的真空压力作用下，从计量器下部流出，经橡胶软管、输奶管路进入集奶罐，再由输奶泵泵入下水道。管路经冷水冲洗后关闭冷水阀，并打开热水箱

图3-22 奶杯清洗装置

阀和洗涤剂箱阀，使含有次氯酸盐的热水洗涤剂溶液（温度为60~80℃），按冷水冲洗相同的路线，冲洗管路约15min，最后关闭洗涤剂箱阀，再以清水清洗管路中的洗涤剂残留物。然后用碱液或酸液再次进行清洗备用，近年来已开始使用电脑按程序自动控制整个清洗过程（CIP）。

7. 挤奶杯自动摘除装置 使用管道式挤奶设备后的挤奶生产率提高，每个挤奶员操作的挤奶器数增加，在挤奶过程中减少了对奶牛的照料时间，常因不能及时取下挤奶杯而引起真空对乳头空吸的危害。挤奶杯自动摘除装置能在奶流量减小到不足0.2L/min时自动摘除套在乳头上的挤奶杯，以减少乳头受空吸的危险。整个装置由一个奶流监视器和挤奶杯摘除器I组成（图3-23）。

奶流监视器是一内有浮子的真空阀门转换器。安装在集乳器与

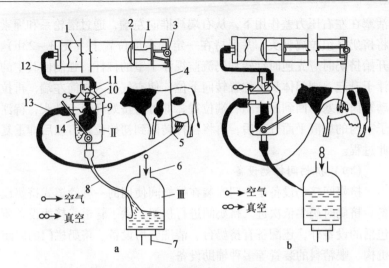

图 3 – 23　挤奶杯自动摘卸装置工作简图

a. 奶流大于 0.2L/min 时浮子在升起位置　b. 奶流小于 0.2L/min 时浮子落下位置

Ⅰ. 挤奶杯摘卸器　Ⅱ. 奶流监视器　Ⅲ. 牛奶计量器

1. 摘卸器缸筒　2. 活塞　3. 滑轮系　4. 拉绳　5. 集乳器

6. 固定真空接管　7. 牛奶接管　8. 牛奶流出管　9. 浮子

10. 橡胶膜片　11. 阀门体　12. 可变真空管　13. 集乳器牛奶流出管　14. 杠杆

计量器之间的管路上。当进入的奶流量大于流出量时，浮子室内的牛奶液面升高，浮子升起，使浮子室内较高的真空度经集乳器进入挤奶杯乳头室，橡胶膜片的向下力大于作用在阀门上的向上力，此时阀门处于下位置，关闭了顶部真空通向摘除器缸筒左边的通路，使浮子室膜片上方的空气进入缸筒，缸筒活塞的左右都为大气压力，活塞保持在缸筒的右端，摘除器不产生动作（图 3 – 23a）。在奶流量下降到 0.2L/min 以下时，浮子室内的牛奶流入量小于流出量浮子下落，封闭了由计量器Ⅲ输入奶流监视器浮子室的真空进入孔，使浮子室无真空输向集乳器集乳室。作用在橡胶膜片上的向下力开始小于作用在阀门上的向上力，阀门体升起并关闭空气进入缸筒的通路，使顶部的真空通过阀门开启的通路进入缸筒左端，缸筒活塞在左右压力差作用下，从右端被推向左端，通过滑轮系和绳索将挤奶杯组拉离乳头，并保持在一定的高度位置上（图3-23b）。开始挤奶时应先逆时针转动奶流监视浮子室的杠杆，强制使其中的浮子升起，阀门体从上位置转向下位，使空气进入缸筒左端，再拉动缸筒活塞，回到原来的右端位置，即可将挤奶杯套上乳头，待浮子室内的奶液平面升高后，再将杠杆转回到初始位置，以后即重复此过程。

（四）挤奶间挤奶设备

挤奶间挤奶设备是专门安装在挤奶间使用的一种管道式挤奶设备。挤奶时奶牛依次进入挤奶间进行挤奶。除了管道式挤奶设备所包括的设备外，还配备有挤奶台、清洗乳房设备、挤奶栏门的启闭机构、喂精料的装置等多种辅助设备。

1. 挤奶台　挤奶间是专门进行挤奶的车间，所以必须考虑如何提高劳动生产率。为了避免工人频繁弯腰，以提高效率和减轻劳动强度，在挤奶间的中央为深0.9m的挤奶员工作地沟。这样，奶牛站立的挤奶处即形成了挤奶台，挤奶台一般在工作沟的两侧。

挤奶台有固定式和移动式两种。目前应用最多的是固定式挤奶台，其中又以双列侧进式、双列斜列式和菱形斜列式常用，见图3-24。可根据不同的情况进行选择。

图3-25所示的挤奶间采用的是最常用的双列斜列式。挤奶栏中奶牛站立方向与工作沟的轴线呈30°~55°的倾角。挤奶栏为通栏，每列挤奶栏只有一对进出门。斜列的作用是使工作沟长度可以缩短，使挤奶操作更为集中而有利于提高效率，但奶牛必须成批地放进和放出。一般工作时，先在一侧放入一批奶牛，进行冲洗乳房和套上挤奶杯挤奶，然后另一侧放进第二批奶牛进行挤奶前的准备工作，再从已挤完奶的第一批奶牛处取下挤奶杯并放出第一批奶牛，这时第二批奶牛正在挤奶，挤奶员再放入第三批奶牛，如此依次循环。

2. 乳房清洗设备　普通的挤奶间中乳房清洗也可由挤奶员完

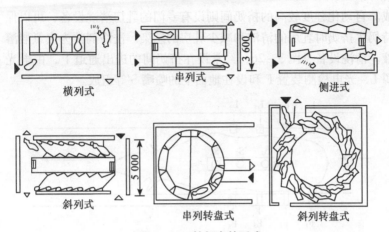

图 3 – 24 挤奶台的形式

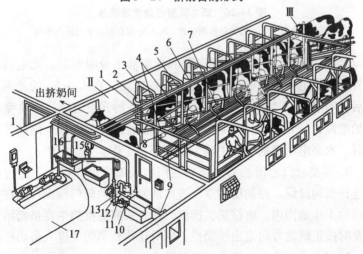

图 3 – 25 双列斜列式挤奶间

Ⅰ. 牛奶间 Ⅱ. 挤奶间 Ⅲ. 待挤栏

1. 挤奶栏门 2. 料筒 3. 挤奶栏架 4. 挤奶真空管路 5. 脉动器真空管路

6. 脉动器 7. 集乳器 8. 挤奶栏门开闭机构 9. 低配管式输奶管路 10. 电动机

11. 输奶泵 12. 牛奶过滤器 13. 集奶罐 14. 气液分离器

15. 洗涤液槽 16. 洗涤管路 17. 贮奶罐

成。自动化程度较高的挤奶间则设有专门的乳房清洗设备，可以保持奶牛挤奶时乳房的清洁和减少乳房的感染。洗涤剂常为次氯酸溶液。清洗设备见图3-26，经常设在挤奶间的进出通道上，由电光源 L、光电检测装置 F 和设在地面下的喷嘴 S 等组成。

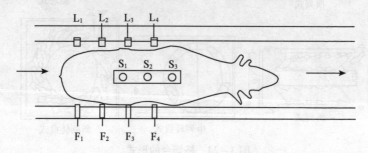

图3-26 奶牛乳房自动清洗设备
$L_1 \sim L_4$光源 $F_1 \sim F_4$光电检测装置 $S_1 \sim S_4$ 设在地面下的清洗喷嘴

当牛走过通道时，所有光源的光束被牛身阻断后，光电检测装置通过继电器接通驱动水泵电动机的电路。在 $L_1 \sim L_4$ 的光束阻断后，喷嘴 S_1 开始向乳房喷液；在 $L_2 \sim L_4$ 的光束阻断后，喷嘴 S_2 开始喷液；L_4 的光束阻断后，喷嘴 S_4 喷液。直至牛身全部离开光源时，水泵电动机的电路中断，水泵停止工作。

3. 挤奶栏门启闭机构 挤奶栏门由压缩空气作动力，通过活塞连杆机构操纵。控制压缩空气进出活塞缸筒的阀门操纵杆设在挤奶间的工作地沟内，由挤奶员操纵，使每头或每批奶牛在挤奶结束时及时按正确的方向走出挤奶栏，同时让待挤奶的牛进入挤奶栏。

4. 精料喂饲设备 挤奶间内对乳牛进行挤奶时，常同时喂给精料，所以在图3-24所示的挤奶间中设有料筒，料筒内的精料可以通过计量装置将一份精料排入饲槽，使奶牛能在挤奶的时候吃食。

近年来，国外开发了能自动识别奶牛的自动喂饲系统，并以此给奶牛喂饲精料。采用这种装置时，一般就不在挤奶间内喂精料，而将这种自动喂饲系统设在挤奶线路中挤奶间后面的运动场内或散放在隔栏牛舍内。

5. 待挤栏　在挤奶间入口处常设有待挤栏，供奶牛在等待挤奶时站立用，一般每头牛占地 1.5m^2。

六、挤奶设备的使用

机器挤奶是挤奶器、挤奶员和奶牛之间的一个复杂过程。要使机器挤奶有效地代替手工挤奶，必须满足挤奶速度快、挤奶彻底和避免奶牛感染乳房炎的要求。在使用挤奶设备的情况下必须注意下列事项。

（一）合理选择奶牛

奶牛的乳房形状要适于机器挤奶，否则会难以操作和影响挤奶速度以及产奶量。具有盆形乳房的奶牛是最能适应目前设计的挤奶器要求。这种乳房的乳头位置分布均匀、长度相等且有良好的垂直度和足够的离地间隙。

奶牛的排乳速度也是影响生产率的因素，所选择的奶牛在机器挤奶时延续的时间不应超过 5~6min，且能充分挤净。充分挤净的程度可在取下挤奶杯后测量用手挤尽的剩余奶量，此奶量不应超过0.5~1kg。

（二）建立合理操作程序

操作程序除了要使操作方便和有规律外，还能使奶牛感到舒服并易产生排乳反射。由于奶牛对挤奶时的操作程序较敏感，故要严格遵守已制定的操作程序，不能随意改变。较合适的操作程序是：

①在套上挤奶杯前 1min 用温水洗涤乳房，再进行擦干并加全面按摩 30~45s。

②立即套上挤奶杯进行挤奶。

③开始进行对下一头奶牛的挤奶准备工作。

④至挤奶奶牛的奶流速度降低到 0.2kg/min 时取下挤奶杯组。有时为了利用机器挤尽，可在奶流量降低到 0.6kg/min 时对挤奶杯组向下加压（或在其上附加 0.5~1.5g 配重），以防挤奶杯上爬而

阻塞乳导管。必要时再乳房按摩。每一挤奶员可操作的挤奶器数量可按下式计算：

$$n = t_1 / (t_2 + t_3)$$

式中，n——挤奶器数量；

　t_1——每头奶牛挤奶延续的时间（min）；

　t_2——每头奶牛挤奶准备工作所需的时间（min）；

　t_3——转移挤奶器所需的时间（min）。

（三）保证挤奶器正常工作参数

严格保持挤奶器的正常工作参数真空度低于 43.8kPa，或超过 53.2kPa 时都会对机器挤奶产生有害的影响，故对真空调节器须作正确的调节。挤奶器的脉动频率应在每分钟 50~60 次的范围内。

（四）防治乳房炎

控制奶牛感染乳房炎采用机器挤奶有可能促使奶牛产生乳房炎。感染乳房炎的挤奶器因素有：真空泵抽气量过小、真空波动、真空度过高、挤奶杯脉动室内的大气压力作用时间太短、挤奶杯上爬、未及时取下挤奶杯而引起过度挤奶、内套质量差等。如出现乳房炎征兆（检测牛奶中的上皮细胞数在每毫升牛奶数超过 0.25×10^6 个），应及时对奶牛进行治疗和暂停机器挤奶。挤奶完毕应及时对乳头浸消毒液（次氯酸盐或碘与甘油一起组成的杀菌液），并对挤奶杯进行消毒后再用于下头奶牛，以防交叉感染。

（五）建立严格的保养制度

挤奶器工作不正常，多数是由于对挤奶设备的维护不当引起的。挤奶器应在每次挤奶后清洗干净并消毒。如是提桶式挤奶设备，可利用真空先将冷清水经挤奶杯吸入奶桶，再吸入 85℃ 的热水，每周将挤奶器的所有零件放在 50~60℃ 的热碱水中刷洗，再在 85℃ 以上的热清水中清洗。如是管道式挤奶设备则应按前述方法清洗和消毒管路，并同时进行挤奶器零件的清洗。

连接脉动器的真空管路应半年清洗一次。清洗时可打开一端的放水开关，用自来水通入，使其从另一端的放水开关流出。如装有自动放水阀的管路，则在清洗后检查是否有脏物（锈屑、尘垢等）粘在阀上，否则自动放水阀处易因漏气而影响管路内真空度的稳定。真空管路上的开关也应拆洗，清除其中的污物。

气液分离罐应在每次挤奶结束后进行清洗和擦干，如发现泄入牛奶，应检查牛奶进入罐内的原因（如挤奶杯内套有无破裂等）。

真空调节器应每周拆洗一次，用浸有酒精的棉纱清洗阀门和阀座，用刷子清洁空气滤网并更换已损坏的密封垫。对配重式调节器应用水平尺检查其顶盖的水平度和配重的垂直度。弹簧式调节器应检查弹簧张力。否则真空调节器的任何故障都会引起管路真空度的不稳定。

真空泵的保养应经常注意润滑油杯内的油位，要及时添加。每6个月应对真空泵内部进行一次清洗，以清除卡住叶片的尘垢和积碳。清洗时可去掉润滑油杯，再向泵内注入煤油（或柴油）1L，来回盘动皮带，使泵内充满煤油，去掉消声器后开动真空泵30s，以使粘有脏物的煤油从排气管处排出，然后再注入1/4~1/3L泵用润滑油和更换油杯内的润滑油。

检查真空泵是否有足够的抽气量，可在真空管路上打开一真空阀，观察真空压力读数，真空压力可容许比未打开前降低20~23.3kPa，再关闭真空阀并用秒表测定管路内恢复到正常值（从33kPa升高到51kPa）所需的时间，应不超过3s。如恢复缓慢，则说明真空泵的抽气量不足，应首先检查真空管路连接处和装在管路上的容器有无漏气现象（密封垫有无损坏），再检查真空泵的转速是否正常（如皮带紧度不够也会引起转速降低）。

第二节　鸡蛋收集及处理设备

一、集蛋设备

集蛋是蛋鸡场的收获作业。有人工捡蛋的捡蛋车和机械集蛋装

置两种。在完全手工劳动的鸡舍，集蛋工作量占全工作量的 20 %
左右，当其他作业全部实现机械化后，如仍采用人工推车进行集
蛋，所需时间将占全部工作时间的 60% 左右。因此，实现集蛋机
械化可进一步提高劳动生产率。我国大规模机械化养鸡场采用一些
集蛋设备，并且有逐渐发展的趋势。广大中小养鸡户普遍采用人工
捡蛋的方法，把捡下的鸡蛋摆放到蛋托内，然后装入纸箱中，有
300 枚/箱和 360 枚/箱两种规格。

（一）平养集蛋设备

平养鸡舍的产蛋箱均成排安置，底网都朝向通道一边倾斜，鸡
蛋也滚向靠通道的槽内，常利用小车人工捡蛋。

平养鸡舍特别是种鸡舍的机械集蛋设备主要由二层产蛋箱和二
层输蛋带及集蛋平台等组成（图 3 - 27）。鸡在产蛋箱产蛋后，蛋
即滚至该层输送带上，向左输送，再由垂直输蛋机升入同一集蛋平
台进行摆盘装箱。

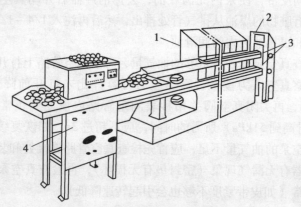

图 3 - 27　平养鸡舍的机械集蛋设备
1. 产蛋箱　2. 支架　3. 输送带　4. 驱动装置

（二）笼养集蛋设备

笼养鸡舍也可采用小车人工捡蛋，但人工集蛋层数一般为三层
以下，另外平置笼养和高床笼养都不宜人工集蛋。不同形式的笼养

机械集蛋设备也略有差异。

1. 两层全阶梯式和三层半阶梯式笼养集蛋设备 两层全阶梯笼养常用于小型鸡舍，故常用小车手捡方式。图3-28a为机械集蛋设备，每组笼共设有4条集蛋带，每层设一个集蛋台，上、下共两台，工人可将上下两台的蛋进行装盘或装箱，设备较简单。

图3-28b为三层半阶梯集蛋设备。每排笼有6条鸡笼集蛋带，6个垂直输蛋机和两台集蛋台构成。工作时，蛋由集蛋带输向垂直输蛋机升运至集蛋台。由人工装盘或装箱。因每条集蛋带配一条垂直输蛋机，故可减少碎蛋率。

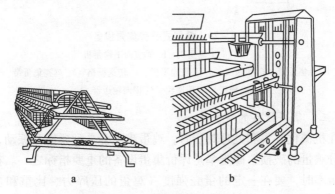

图3-28 阶梯式笼养集蛋设备
a. 两层阶梯笼养集蛋设备　b. 三层半阶梯式笼养集蛋设备

2. 叠层式笼养集蛋设备 如图3-29所示，该设备除有鸡笼集蛋带及集蛋台或总集蛋带外，还有垂直向上或向下输蛋机。图3-29a为垂直向上输蛋机。工作时，鸡笼集蛋带将蛋向左输送，再由垂直向上输蛋机提升落入集蛋台或总集蛋台上，由人工装盘或装箱。图3-29b为垂直向下输蛋机，工作时，输蛋机将各层输蛋带上的鸡蛋向下送给横向输送器进行收集。该设备无总集蛋带，而用杆式横向输送器代替。其优点是蛋在其上不滚动，破损的鸡蛋可从杆间漏下。

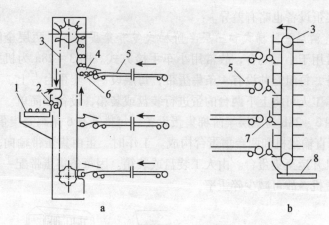

图 3 - 29 叠层式笼养集蛋设备

a. 垂直向上输蛋机 b. 垂直向下输蛋机

1. 总集蛋带 2. 拨蛋叉 3. 垂直输蛋机 4. 传送栅格 5. 鸡笼集蛋带

6. 栅栏 7. 传递轮 8. 横向输送器

（三）集蛋设备的碎蛋率

在机械化收集和处理鸡蛋时，鸡蛋难免会受到碰撞和振动，引起部分鸡蛋的破损，碎蛋率是评价集蛋设备的重要指标之一。在测定碎蛋率时，要在一定的蛋壳强度（鸡蛋的压碎力、比重和蛋壳厚度）的条件下进行。一般认为鸡蛋的压碎力在 27.5 ~ 35.5N，相对密度大于 1.084g/cm³，弹壳厚度大于 0.3mm 时才能进行集蛋设备的评定。目前，对于集蛋收集和处理设备的碎蛋率还没有具体的指标要求。包括水平和垂直输送并由集蛋台收集在内的集蛋设备，最先进的指标定为 1%；包括洗蛋、检视、分级和标记，然后手工包装的鸡蛋处理，碎蛋率先进指标为 1.61%；采用自动包装则为 3.32%。在实际生产中碎蛋率往往超过此数。

碎蛋率除与鸡的品种、产蛋鸡的月龄、舍内小气候、饲料成分等因素有关外，还与集蛋设备的参数有直接影响。设备参数选择不当，将大大增加碎蛋率，正确的参数要求鸡蛋的降落高度，以及鸡蛋与部件的相对撞击速度不能过高，并要求部件有较小的刚性。鸡蛋与各种材料工作表面极限撞击速度和极限高度如表3-1所示。

表3-1 鸡蛋与部件极限撞击速度和降落高度

工作表面材料	极限撞击速度（m/s）	极限降落高度（cm）
钢	0.37~0.62	0.70~2.0
胶合板	0.68~0.83	2.4~3.5
输送带	0.62~0.89	2.0~4.0
橡胶表面	1.65~2.62	14~35

（引自蒋恩臣主编《畜牧业机械化》第三版，中国农业出版社）

（四）集蛋带

集蛋带是集蛋设备中用材最多的部件，集蛋带不但要求质地柔软，表面粗糙，延伸率小，还要价格便宜。目前国内外采用的有：①亚麻布涂胶，价格便宜，但易伸长、跑偏和打卷；②四层橡胶带，可以满足性能要求但价格贵，重量大；③聚乙烯玻璃纤维织带，国内常用，性能基本满足要求；④黄麻编织带，国外经常采用；⑤纶帆布缝制带，具有强度大、耐酸碱、柔软等优点，虽延伸率较大，但可通过采用预紧输蛋带的方法或选用具有较大调节量的张紧装置来解决，也为国内所采用。

集蛋带宽度：鸡笼的集蛋带宽为95~110mm，总集蛋带宽为220~250mm。

集蛋带的移动速度：要求移动速度很低，并和人工装盘装箱速度相吻合，一般为0.8~1m/min。

鸡笼集蛋带的形式：图3-30a是采用4层橡胶带，由于重量大，支承结构复杂，成本较高。图3-30b为利用底网钢丝延长部分来支撑集蛋带，这时鸡蛋经常不能整个落在带上，影响鸡蛋的输送。图3-30c、图3-30d所示的底网延长部的形状，可避免上述缺点，现为国内采用。

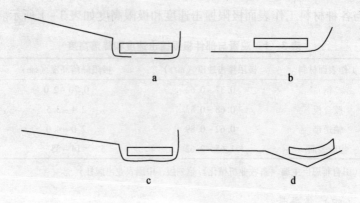

图 3 - 30 鸡笼集蛋带的形式

二、鸡蛋处理设备

鸡蛋处理的工艺流程如图 3 - 31 所示，经过处理加工，给予消费者高品质的鸡蛋。有的鸡蛋处理的工艺流程采用红外线杀菌处理或用喷消毒剂杀菌。

1. 进蛋作业　将各层各排或各栋的鸡蛋集中后输送到后续的相关处理作业场所，则为进蛋作业。先将鸡蛋包装成 30 枚一盘，经装箱后再由冷藏车运送至加工处理场所，再经吸盘式供蛋装置，取蛋后再送入洗选机械，或直接由总集蛋系统进入（图 3 - 32）下一流程。

2. 前检视作业　此作业可将异常蛋（过大、过小、太脏或破损的鸡蛋）挑出，可以人工操作或以视觉系统配合相关捡蛋机械来进行，以避免鸡蛋在进一步处理时，受到伤害或处理困难。

3. 洗蛋机　洗蛋机主要是以温热水，喷于鸡蛋表面，再用柔软的刷子做清洗。水温以高于鸡蛋温度 10℃ 左右为宜。洗蛋机的支柱下部装有可调节高度的底座。支柱上装有机壳，在机壳内的两根轴上装有螺旋，上面包有橡胶带。机壳由间壁分成洗涤室和干燥室两个部分。

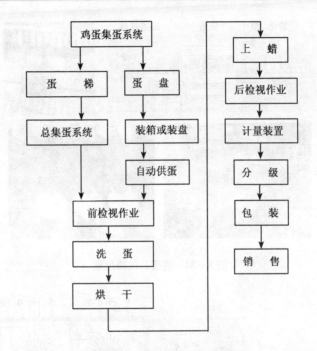

图 3 – 31　鸡蛋处理的工艺流程

工作时，工人用手将鸡蛋铺放在倾斜的装蛋槽上，由于自身的重量，鸡蛋滑向接收阀，接收阀能保证将鸡蛋沿洗涤区输送螺旋输送。鸡蛋在输送器的螺旋上，在固定于轴上的刷子和导向器之间移动。由于螺旋和刷子的转动方向相反，所以鸡蛋不断地绕自身的纵轴线回转，同时又慢慢沿机器纵向移动。在洗涤室内，鸡蛋一面受到带孔喷水器喷出的 40℃ 的消毒洗涤液不断冲洗，一面受到高速回转的筒形刷的搓刷而洗涤干净。当从洗涤区转向干燥室时，鸡蛋由特殊的缓冲器支持在螺旋上。在装有管状电加热器的干燥区内，蛋壳受到回转的软刷的擦拭。然后鸡蛋落入横向输送带，送入集蛋桌。用过的洗涤液沿软管排入排水设备。

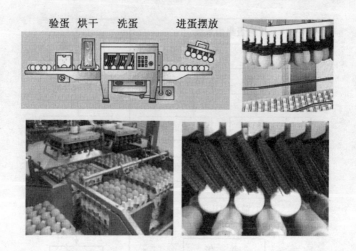

图 3 – 32　进蛋、洗蛋过程

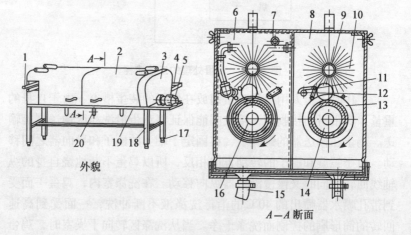

图 3 – 33　洗蛋机

1. 集蛋槽　2. 外罩　3. 传动箱　4. 支柱　5. 电动机
6. 洗涤室　7. 喷水器　8. 干燥室　9.16. 轴　10. 刷子
11. 导向器　12. 电加热器　13. 橡胶带　14. 螺旋　15. 软管
17. 底座　18. 支柱　19. 机壳　20. 压力继电器

4. 干燥设备　清洗后的鸡蛋，需要经过干燥设备进行干燥，以避免因潮湿而引起细菌滋生。热风的温度需高于鸡蛋的温度，再配合软刷去除大水珠，以进行干燥作业。

5. 上蜡　鸡蛋经清洗烘干后，表面之角质层受损坏，需上蜡保护，以避免细菌与空气进入，延长鸡蛋的储藏期限并确保其品质。

6. 后检视作业　经清洗、烘干与上蜡后的鸡蛋，仍然有未清洗洁净者，或是有破损及裂痕者，需要挑选出来，以确保鸡蛋品质。目前较普遍的方法为人工挑选，经烛光照射判别破裂者，并以目测方式，挑选未洁净者，此项工作相当耗费精力。目前已有自动检视作业方式，利用指示器与摄影器材相配合，将脏污或破裂的鸡蛋，标示出来，并由内存告之后续抓蛋机构，将此类之蛋品放置于不合格区域，以影像处理技术进行全自动之后检视作业。目前还有已商品化的全自动化利用声波感测的后检视设备（如图 3 - 34），完全不需人力，适用于处理量大的加工厂。

7. 计量装置　每一个符合品质要求的鸡蛋，都需要经计量装置进行重量的计量，以达到分级的目的。目前采用的方式有三种：机械式，使用杠杆原理来分级，其优点为机构简单、造价便宜，缺点为需定时调整；荷重法（Load cell），其优点为反应快速且价格适中，缺点为其灵敏度易受环境、温度、湿度的影响；电磁式计重方式，利用力量平衡的方法，其优点为反应快速且持久，缺点为造价昂贵。经计量装置测量的蛋品，其重量可记录于计算机中，由计算机或直接反应于抓蛋机构，此蛋应属于何种品级。

8. 分级包装　经过量测的鸡蛋，根据所设定的分级标准与盛装的容器，进行分级包装作业，分级标准因国情不同而异。盛装容器则依消费习惯的不同而异，纸盘材质符合环保要求，但不耐用，适合消费量大者使用。经过分级包装的盒装蛋，共有四种品级（2L、L、M、MS），经过封口机封口后再装箱，即准备上市了。未引进分级包装作业机械的，以人工方式分级，利用封口机封口，进

图 3 – 34 鸡蛋裂痕检测装置

行盒装蛋销售。若量不大可采用人工半自动分级包装作业，此种作业方式，比较适合中国国情。

　　鸡蛋收集与处理自动化，为畜牧生产自动化中重要项目之一。2006 年国家制订了新的鸡蛋标准，鸡蛋生产、加工处理等相关环节影响着整个鸡蛋产业的未来发展。鸡蛋的收集、洗选、分级包装自动化方面，属于起步阶段，但在政府推动畜牧生产自动化的前提下，对产品品质的提升是必然的趋势。相信不久的将来，鸡蛋收获与处理自动化的作业模式将会更普遍推行至全国，造福生产者与消费者，并加速鸡蛋收获与处理自动化的脚步。

第三节　剪毛机械

一、机械化剪毛的意义

绵羊剪毛是养羊业中一项繁重的和季节性很强的工作，以剪春毛为例，最长不超过 25 天，如剪毛过早，羊只容易感冒，且新羊毛还未顶起，影响作业。剪毛过晚，则会由于天气炎热而使羊只消瘦，引起羊毛自然脱落，产生大量枯毛、死毛，同时还会由于阴雨使羊毛生蛆等。采用机器剪毛能加快剪毛速度，对保证剪毛适时具有很重要的意义。

常用的剪毛机主要用于剪取绵羊毛，也有少数专用于剪取兔毛，修剪牛毛、马毛和狗毛的。采用机械剪毛对于加快剪毛速度，减轻劳动强度，缓和剪毛季节劳动力紧张情况具有重要意义。此外，机器剪的毛被完整、毛茬低而平齐，不仅可提高每只羊的剪毛量，还可提高羊毛的等级。

剪毛机按使用方式可分为移动式和固定式两类。前者适用于广大牧区流动剪毛，后者适用于羊群比较集中的大型牧场。按驱动方式可分为机械式、电动式和气动式 3 种。机械式适用于无电源牧区，用柴油机、汽油机或拖拉机动力输出轴驱动，通过软轴或关节轴式传动装置带动若干剪头同时作业。电动式由小型电动机通过软轴或关节轴式传动装置驱动剪头作业，或将微型电动机安装在剪头手柄内，通过变速齿轮驱动动刀片作业。气动式是利用与润滑油混合的压缩空气，驱动剪头手柄内的马达，使动刀片往复摆动进行剪毛。气体不仅可润滑和冷却运动零件，还可吹去刀片上或夹杂在羊毛中的沙土、污物，从而延长刀片的使用寿命。

剪毛机组一般由动力机、传动部分、剪头和磨刀装置组成。剪毛时，动力通过传动部分使剪头上的动刀片作弧线往复摆动，利用动刀片与定刀片（即梳状底板）的剪切作用把羊毛剪断。剪头上还设有加压机构，用来调节动刀片对定刀片施加的压力。刀片刃口剪钝后，可在磨刀装置上重新磨锐。磨刀装置是一个由动力驱动旋转的砂轮。磨刀时将刀片固定在磨刀架上，使刃刃贴靠磨轮。

为解决剪毛刀片磨损快、剪头噪声大和振动大等问题，并为提高剪毛效率，正从以下几个方面进行研究：①提高剪毛机的转速、材质和加工精度；②采用新材料、新工艺，如用尼龙挠性轴代替多层钢丝挠性轴等；③改进磨刀装置，采用长吊钩磨刀架、磁性磨刀架，以提高磨刀质量；④采用剪毛新方法，如用药物使羊毛脱落，用激光剪毛机或由电子计算机控制的自动剪毛台。

机器剪毛的优点如下：

1. 提高劳动生产率　手工剪毛时，每个剪毛手平均每剪一只羊需 20～30min，每人每天剪粗毛羊 20～25 只，细毛羊 15～20 只。用机器剪毛只需 3～10min，每人每天剪粗毛羊 60～100 只，细毛羊 50～70 只，可提高劳动生产率 2～4 倍。

2. 减轻体力劳动　用手工剪毛，每剪一只细毛羊，剪刀要摆动 1 000 次左右，劳动强度大。熟练的剪毛机手，每剪一只羊，只需 50～60 个工作行程，大大减轻了劳动强度。

3. 降低毛茬，增加产毛量　采用机器剪毛留茬在 3.5mm 以下，毛茬低而平整，手工剪毛一般留茬 4～5mm，且长短不齐。机器与手工相比，一般每只羊可多收 0.1～0.15kg 毛，可增产羊毛 8%～10%，机器剪毛可获得大张毛被（套毛），套毛便于羊毛分级，可提高羊毛质量。

二、机械化剪毛系统

机械化剪毛的整个过程应包括赶羊人到待剪毛羊栏、抓羊到剪毛台、剪毛、对已剪毛羊的统计、剪毛后羊群的处理（治疗、药浴），并应包括对羊毛的分级和打包等作业在内。

整个机械化剪羊毛系统的机械设备有剪毛设备、药浴设备和羊毛分级、打包等辅助设备。

剪毛设备除剪毛剪外还包括传动装置、动力装置、磨刀装置和根据需要再附加电源设备，常以剪毛机组的形式组合在一起。

三、剪毛机组的分类和组成

剪毛机组按剪毛组织形式可分为移动式和固定式两种。移动式剪毛机组适用于广大牧区放牧场剪毛。固定式剪毛机组适用于大型农牧场等羊群比较集中的地方。

按剪毛机的配套动力，剪毛机组可分为机械式、电动式和气动式三种。机械式剪毛机组适用于无电源情况下，由柴油机、汽油机或拖拉机的动力输出轴输出动力，通过传动装置带动一定数量的剪头工作。电动式剪毛机组由单独的小型电动机带动工作，适用于有固定电源的牧场。有时为了适应无固定电源的牧区，还包括发动机、发电机等设备。

按剪毛机的传动形式，剪毛机组又可分为挠性轴式（软轴式）、硬性关节轴式、直接传动式和气动式。其中以挠性轴式应用最广。

澳大利亚研制的自动控制的剪毛机，利用6个传感器采集羊体、羊皮等信息，经计算机分析处理，确定最佳剪毛程序，自动控制两只机器手执行剪毛，剪毛过程只要3min，这套机器还可对剪下的羊毛进行分类、打包、运输和库房堆放等作业。

（一）剪毛机

1. 挠性轴式剪毛机 图3-35所示为挠性轴式剪毛机的

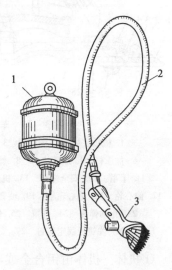

图3-35 挠性轴式剪毛机

1. 电动机 2. 挠性轴 3. 羊毛剪头

全貌。由电动机、挠性轴和剪头等组成。动力由电动机通过挠性轴传递给剪头，带动剪头上的剪切装置的活动刀片进行剪毛。剪头也可由内燃机通过传动箱来带动。

剪子的握柄结构人性化，长时间工作剪毛手不会疲劳。使用范围广，适合于大部分杂交羊、细毛羊和粘连羊毛。冬季剪毛可留下一定厚度的毛层。适合各种形式地毯和制刷等的应用。每小时能剪 10～15 只羊，适合于家庭养殖或牧场养殖。

（1）剪头：剪毛机的直接工作部分，在不同剪毛机中都采用结构相同或类似的剪头。可分为宽幅和窄幅两种，前者的工作幅宽为 76.8mm，后者为 60.3mm。图 3 – 36 表示为 M—76 型剪头的结构图，由机体、剪切装置、传动机构、加压机构、销连机构等组成。

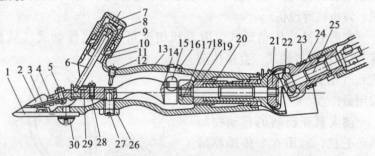

图 3 –36　羊毛剪头的结构图

1. 梳妆底板　2. 加压爪　3. 活动刀片　4. 弹簧板　5. 螺母
6. 加压杆　7. 加压块　　8. 加压筒　9. 加压螺帽　10. 止动弹簧
11. 套管　12. 安全螺钉　13. 机体　14. 摆杆　15. 滚子　16. 检视孔
17. 偏心轮　18. 偏心轮轴　19. 轴套　20. 内罩　21、22. 销连机构关节齿轮
23. 止动弹簧　24. 外罩　25. 传动轴　26. 锁紧螺母　27. 回转销
28. 弹簧板固定螺钉　29. 安全弹簧　30. 梳妆底板固定螺钉

①机体。机体由铝合金或球墨铸铁铸造，中空用来连接和支承剪头各机构并作为手柄之用。机体前部有一个用来安装剪切装置的梳状底板，上面管状的突出部分用以安装加压机构，机体的内腔

放置传动机构，后面安置销连机构，为了握持方便，手柄包有外套。

②剪切装置。见图3-37，剪切装置由活动刀片和梳状底板组成。在剪毛时随着剪头的前移，梳状底板的梳齿便插入羊毛，对羊毛进行梳理和支持，以利于剪切。活动刀片在梳状底板上以很高的速度作弧形往复运动，与固定的梳状底板形成剪切幅，将羊毛剪下。剪切装置有宽幅和窄幅两种，宽幅梳状底板为13个齿、活动刀片为4个齿，窄幅梳状底板为10个齿、活动刀片为3个齿。

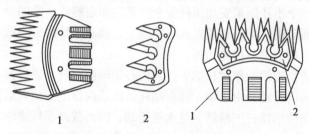

图3-37　剪切装置
1. 梳状底板　2. 活动刀片

梳状底板固定不动，它用螺钉（图3-36）固定在机体前部，底板上安螺钉处呈槽状，便于取出底板和进行调整。在梳状底板上有两个孔，用来在磨刀时插入磨刀支架的销子。梳状底板上的弧形浅槽与活动刀片两侧的圆形缺口，用于在剪毛过程排除碎毛和沙子。

活动刀片由偏心机构带动，作弧形往复运动，刀片上共有6个孔，前端的两个圆锥小孔用来插入加压爪外侧的尖端，后面靠外侧的两个孔用来插入弹簧板的尖端，靠中央的两个孔用来插入磨刀支架的销子，刀片制成中空，其目的在于减少高速往复运动时所产生的惯性力。

剪切装置的制造质量会直接影响剪毛机的剪毛性能，应采用优质合金钢（铬钢）制成，并经过热处理以提高其耐磨性，此外还应保持刀片和梳齿各部分的光洁度，以提高梳毛性能，使刀片易进入毛层和减少剪毛机的推进阻力。

③传动机构。传动机构用来将偏心轮轴的回转运动变成活动刀片的弧形摆动（每分钟 1 800 次）。传动机构的主要部件（图 3－36）包括偏心轮轴、偏心轮、滚子、摆杆、加压爪和弹簧板等。

摆杆用回转销销连在机体的中部，在摆杆的前端顶面有两个水平孔，两个加压爪的柄就插在两个孔中，摆杆上面共有 4 个孔。前面一个小孔用于固定弹簧板，第二个较大的孔用来放加压杆的止推座，第三个小孔用来安加压杆安全弹簧的固定螺钉，第四个大孔用来插入回转销。偏心轮装在偏心轮轴上，偏心轮轴的另一端用螺纹和销连机构的关节齿轮相连。

传动机构的工作过程如下，当偏心轮轴回转时，通过偏心轮使滚子做圆周运动，由于滚子能在摆杆的凹槽内作上下相对运动，因此滚子能传给摆杆凹槽的只是水平运动，因而就使摆杆绕回转销做水平摆动，而摆杆又通过加压爪和弹簧板的尖端带动刀片往复摆动。

④加压机构。加压机构位于机体的前上方，由加压螺帽（图 3－36）、加压块、加压筒、螺纹套管、止动弹簧、加压杆、加压杆止推座、安全弹簧等组成。

当拧紧在套管上的加压螺帽时，螺帽下移，通过加压筒压在加压杆的球形大端上，再通过加压杆的球形小端和止推座将压力传给摆杆，后者又通过加压爪和弹簧板传给刀片，使刀片紧压在梳状底板上，以保证剪切装置对羊毛的良好剪切。

止动弹簧套在螺纹套管凸肩的槽中，用来防止加压螺帽在工作时自行脱开，加压杆安全弹簧用来防止加压杆脱出，以防活动刀片飞出的危险。

⑤销连机构。销连机构的作用是将挠性轴的动力通过传动轴、关节齿轮传给偏心轮轴，并保证剪毛机与挠性轴之间能自由转动，便于操作和改善挠性轴的工作条件。

销连机构内罩两侧的销子插在外罩两侧的孔中，外面套上锁片以防止其脱开，在外罩孔道中插入了传动轴，在内罩的孔道中，则插入了偏心轮轴、关节齿轮、安在相对的两轴端部。内罩的管状部分插在剪毛机机体中的轴套内，外罩的管状部分用其上面的销子和挠性轴的钢芯的端头相连，为了防止羊毛掉入齿轮内，销连机构用皮革保护罩遮盖。

关节齿轮始终以其端面部分的齿的一侧啮合，这样就使剪毛机机体在工作中能自由转动，以便于工作。由于销连机构的关节齿轮和偏心轮在轴上是用螺纹连接的。因此，传动轴的回转方向从剪毛机的尾部看，必须是顺时针方向，否则工作时齿轮会自动脱落。

（2）挠性轴：挠性轴式剪毛机中，电动机或机械传动装置与剪头之间设有挠性轴（图3-38）轴的功用是将电动机或机械传动装置的回转运动传给剪头，使剪头能在任何方向自由移动。

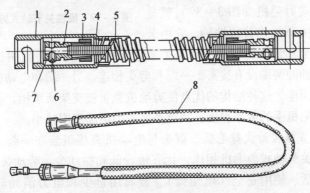

图3-38 挠性轴

1. 外壳接头　2. 软轴接头　3. 锁紧螺母　4. 钢芯软轴
5. 外壳软管　6. 止动环　7. 止动螺钉　8. 塑料管

挠性轴的主要部分是钢芯软轴和外壳软管。

软轴是挠性轴的转动部分，由四层钢丝组成。因此它可以在回转时弯曲自如，不影响传动。钢丝芯两端各有一接头分别与剪头的

传动轴、电动机轴或机械传动装置
的传动轴相连。软轴接头内部呈管
状，外部的一端表面为切开的锥体
螺纹，由锁紧螺母将其紧固在钢丝
芯上，软轴接头的另一端用来连接
电动机轴或剪头轴。

挠性轴的软管用来支承转动的
软轴，其外表用塑料管保护。软管
用钢带卷成，内部设有石棉线作填
料，它可随同钢丝芯弯曲，两端各
紧固一个接头，接头外侧开有 T 形
槽，作为连接之用，两端可以通用。

2. 硬性关节轴式剪毛机　硬性
关节轴式剪毛机（图 3 – 39）就是
用硬性关节轴代替挠性轴。它由装

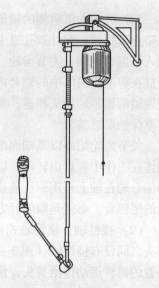

图 3 – 39　硬性关节轴式剪毛机

在铝合金套管内的尼龙小轴及关节齿轮组成。关节齿轮用皮罩保
护。在轴的两端设有接头，一端和剪头相连，另一端和电动机或传
动机构相连。这种结构的优点使剪毛机重量被支架所承担，从而减
轻了剪毛机手的劳累程度。缺点是剪头的活动范围较小。

3. 直接传动式剪毛机　剪头与电动机直接组装在一起，与挠
性轴和关节轴式剪毛机相比，具有噪音低和振动少、劳动强度轻、
工作灵活、使用安全（电压低）、金属用量少和电力消耗低等优
点，但它需用特殊的高速电动机和中频电源。交流单相串激式电动
机装在羊毛剪手柄内，直接驱动羊毛剪刀片工作（图 3 – 40）。

其主要技术参数　额定电压：220V（AC）、额定电流：0.5A、
频率：50 ~ 60HZ、功率：100 w、效率：6 ~ 10 只/h。

由于用柔软的电缆代替了软轴，所以消除了软轴作用于人手上
的扭矩，使其操作灵活而轻便；电力消耗少；体积小、重量轻、降
低了剪毛手的劳动强度；工作时振动、噪声较小；剪毛速度快、剪

图 3 - 40　直接传动式剪毛机

毛质量高。省时、省力、适合各种品种羊和粘连羊毛的剪毛，使用和携带方便，特别适合家庭养殖。

4. 自动剪羊毛机器人　剪毛机器人和一般工业机器人相比，其最大特点在于使用了传感元件和高速电子计算机控制系统，传感元件的作用是使剪刀在羊体表面上总是保持适当的距离，不致伤羊。而高速计算机则以毫秒级时间对传感器的信息进行处理，然后反馈给机器人使之动作自如。

澳大利亚羊毛公司（AWC）的剪羊毛机器人使用了比例模拟伺服控制的液压传动装置，由一系列动作环节构成，包括两个传动装置动作的主要环节以及多余压力的反馈补偿。微机具有 256KB存储器和图形显示器。基本的软件功能是逐个测绘羊体表面的形状，剪羊毛时的运动靠程序控制。在剪羊毛结束后，由计算机判断预测的形状与实际的形状差异程度，并对每只羊个体存贮及预测统计体表面的形状。一个机械手的一个程序设定大约要 10min，剪一只 30 ~ 45kg 的羊，能收割约 80% 羊毛。

（二）磨刀装置

磨刀装置（图 3 - 41）用来研磨已用钝的梳状底板和动刀片，使刀片刃口恢复锋利。由两个磨刀盘（一个用于粗磨、一个用于精磨）、电动机、研磨液槽、磨刀盘护罩、磨刀支架、吊架和机座组成。磨刀盘分有沙盘磨刀盘、粘贴砂纸磨刀盘、金刚砂（200 号）和环氧树脂粘贴磨刀盘、铸铁磨刀盘等类型，前几种用于干磨，后一种用于湿磨。目前我国主要采用湿磨工艺。首先进行粗磨，磨刀时将动刀片或梳状底板放在磨刀支架（图 3 - 42）上，使支架上的两个销子插入刀片的磨刀定位孔内（其中一个销子为弹簧所顶紧，故能对刀片起支持作用），再将刀片以齿尖迎着磨

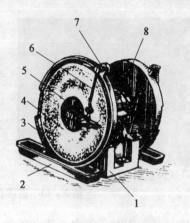

图 3 - 41　磨刀装置
1. 机座　2. 研磨液槽　3. 磨刀盘护罩
4. 磨刀盘　5. 磨刀支架　6. 吊架
7. 吊架钩　8. 电动机

刀盘的转向压向刀盘，并随时向磨盘涂研磨剂（40% 150 号金刚砂、30% 机油和 30% 煤油或柴油调匀而成）。一般动刀片磨刀时间为 10 ~ 15s，定刀片磨刀时间为 30 ~ 40s。粗磨结束后再在精磨盘上进行精磨，以使刀片更加锋利耐用。此时研磨剂为机油和煤油的

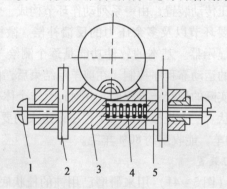

图 3 - 42　磨刀支架
1. 销子固定螺钉　2. 销子　3. 支架体　4. 弹簧　5. 活动套管

混合剂。

四、剪毛机组的安装

剪毛机组的安装随剪毛组织的方式而异，如安排在固定的剪毛场所剪毛，则将剪毛机组安装在专用的剪毛棚内；如在各牧场上就地剪毛，则将机组的发电设备安装在一流动车上，剪毛机和磨刀机等设备在运到了剪毛点后再临时搭起篷架安装（图3-43为剪毛机组在流动剪毛点上的安装支架）。下面就剪毛棚内的剪毛机组安装进行说明。

剪毛棚的设计应有利于剪毛工作的顺利进行，整个剪毛棚应包括有待剪毛羊圈、机手抓羊圈、已剪毛羊圈、剪毛间、羊毛捆包临时堆积处、羊毛捆包装车台、钳工间、动力间等。图3-44为某种羊场剪毛棚的平面配置图，各个部分和设备的安装要求分述如下。

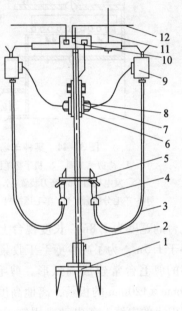

图3-43　剪毛机组在流动
剪毛点上的安装支架

1. 支架座　2. 支架杆　3. 挠性轴
4. 剪头 5. 剪头挂卡　6. 配电板
7. 电源插座　8. 插头　9. 电动机
10. 电源干线固定板　11. 电缆

1. 发电设备　发电设备应单独安装在专门的隔间内，距剪毛间最好不小于15m，以减少噪音和有利于防火。发电设备应接地良好，引向剪毛间的电线距地高度不小于3m。

2. 剪毛间　剪毛在剪毛间的剪毛台上进行。剪毛台应高出剪毛间地面0.82m，以减轻将剪下的羊毛搬向羊毛分级台的劳动，剪

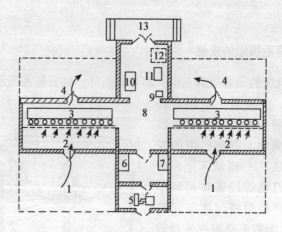

图 3 – 44　某种羊场剪毛棚的平面配置图

1. 待剪毛羊圈　2. 机手抓羊圈　3. 剪毛台　4. 已剪毛羊圈
5. 发电机组　6. 磨刀装置　7. 钳工台　8. 羊毛堆　9. 统计台
10. 羊毛分级台　11. 羊毛压捆机　12. 羊毛捆堆　13. 羊毛捆包装台

毛台的宽度为 1.8m，长度视台上剪毛位数而定，每一剪毛位应不小于 1.5m，为了减少剪毛工收集羊毛时的来回走动，剪毛位数较多的剪毛台常建成圆弧形。剪毛台中心线正上方安装有断面为 50mm×120mm 的板条，离地高度为 1.6~1.8m，用以安装从动力间引入的电线。各电动机用钩子挂在离剪毛台边缘 0.2~0.3m 的木架上，电动机的间距约为 1.8m，电动机轴的末端离地高度为 1.8m，电动机按钮开关（最好用拉线开关）应位于电动机右侧 0.3~0.4m 且便于操作的地方。各电动机都应接地良好。

3. 待剪毛羊圈　是待剪毛羊群的集合点，面积以每只羊占 0.4m² 计算，可用铁丝围栏围成。

4. 机手抓羊圈　用来便于剪毛机手抓羊，它可用木板条围成。面积应能容纳 18 只羊的停留（每只羊所占面积可略小于在待剪羊毛圈内所占面积），以适应每 2h 驱赶羊群入圈一次。为了便于机手进入抓羊，抓羊圈地面应与剪毛台处于同一平面，故从待剪毛羊圈至抓羊圈之间应设一斜坡，以供羊群顺利进入高于地平面的抓羊圈。

5. 已剪毛羊圈　是已剪毛的羊群待诊断或处理的栏圈，并由此计数后放出。此栏圈常设在抓羊圈的下方，有斜坡直接通向剪毛台，以利于剪完毛的羊走下剪毛台，进入已剪毛羊圈。

五、剪毛机的使用

（一）剪毛机的使用规则

剪毛时，梳状底板的齿尖不能太尖，活动刀片和梳状底板不应过钝。机器调整应正确。

在调整剪毛机时，活动刀片对梳状底板的压力应尽可能小（以能顺利剪断羊毛为准），这样机器工作平稳，活动刀片与梳状底板磨损小，刀片不易变钝。

剪毛时，应用梳状底板的整个幅宽来剪切羊毛，梳状底板左齿应经常为剪毛手所看见，一条接着一条剪，以防漏剪。

剪头应横着羊皮皱纹的方向推进，否则羊皮皱纹将被夹入梳状底板的梳齿，被活动刀片剪伤。一般右手执剪，左手在剪毛机后面拉紧羊皮，以利于提高剪毛机的推进速度和减少剪伤羊皮的可能性。

剪头应尽量贴近皮肤，前低后高，稍压梳状底板，这样推进阻力小，毛茬低而平整。

握剪要自如平稳，随羊体部位起伏滑行，尽可能加长行程。

在剪毛行程终点，不允许用剪切装置推开毛被和剪二刀毛。

当剪毛机发生故障或工作不正常时，应立即关闭电源开关进行检查。

（二）剪头的调整

装好的剪头要稍加放松加压螺帽，进行下列项目的检查调整：

当用手转动传动轴时，剪切装置应能运动自如，否则应检查滚子的安装是否正确。当滚子在上位置时，滚子露出摆杆凹槽不应大于3mm，如超过3 mm，应拧松回转销，锁紧螺母，对回转销进行调整。

梳状底板齿尖应超出活动刀片尖端4～5mm，以保证梳状底板具有良好的梳毛作用，调整的方法是前后移动梳状底板。

检查活动刀片在梳状底板上左右摆动范围是否对称，如偏向一边，则应将梳状底板挪向偏的一边，以便充分利用有效的剪幅。

当梳状底板和活动刀片的位置调整正确后，拧紧加压螺帽，然后退回1/3～1/4圈。

（三）剪毛机的保养

剪头的清洗在剪毛过程中，剪头的剪切装置和机体前腔常被脂肪、泥垢和碎毛堵塞，妨碍剪毛的顺利进行，同时由于活动刀片的高速摩擦运动，引起剪切装置发热，刺激绵羊皮肤，使羊只极不安定，所以在每剪2～3只羊之后，应将剪头前端插入浓度为4%的热苏打溶液中（图3－45）并用毛刷洗刷，以除去油泥。在清洗中不必拆开剪切装置，只需关闭电开关和放松加压螺帽即可。清洗后用清水再冲洗一次，最后用润滑油润滑剪切装置。

图3－45　剪头的清洗

剪毛机的润滑应按规定对剪毛机各部位进行润滑，以延长机器寿命，减少机械故障和提高剪毛质量。

剪头各部位的润滑如图3－46，图中表示了剪头的润滑点，所需润滑的间隔小时数和润滑油的种类。

除了润滑剪头以外，挠性轴钢芯每工作5个班次后也要用黄油润滑一次。剪头和挠性轴每连续工作10天，均应拆开，在煤油中清洗各零件，进行检查，然后对剪头进行重新安装调整，对各润滑

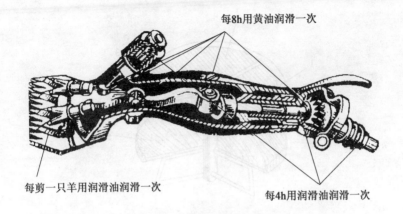

每8h用黄油润滑一次

每剪一只羊用润滑油润滑一次

每4h用润滑油润滑一次

图 3 - 46 剪头各部位的润滑

点进行润滑。挠性轴钢芯从外壳抽出，在煤油中清洗后，观察有否断裂，用黄油润滑钢芯和接头，然后重新安装。

六、羊毛分级台及羊毛捆压机

（一）羊毛分级台

羊毛分级一般在羊毛压捆前进行。国内外使用较多的是圆形羊毛分级台（图 3 - 47），它由机座、上回转平台和下固定平台等组成。上回转平台在进行羊毛分级和剔除污毛时可用手工搬动，以代替人的走动。上下平台都铺设钢丝网架或栅格板条，借以漏下污毛和泥土等杂质。下层平台的网孔略小于上层网孔，由上层平台网孔漏下的污毛和杂物，可在下层平台上剔除杂物后另行收集。

（二）羊毛捆压机

羊毛捆压机按动力可分为手动式、电动式和液压式三种。目前我国广泛采用的是手动杠杆式。图 3 - 48 为手动杠杆式羊毛压捆机。它由加压及升降机构和箱体总成两大部分组成。箱体总成是由前门、后门和左右框架组成的长方形栅条铁箱。箱底设有活动底板，其安置高度可根据所需捆包大小进行调整。在需要将羊毛压成

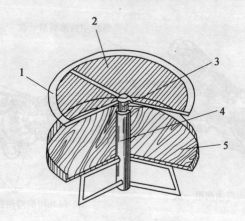

图 3-47 圆形羊毛分级台

1. 上平台框架 2. 栅格网 3. 上平台转动支柱
4. 支柱支撑套管 5. 下平台

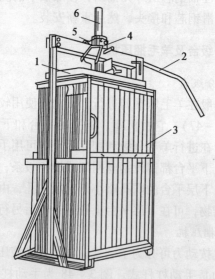

图 3-48 手动杠杆式羊毛压捆机

1. 加压及升降机构总成 2. 杠杆 3. 箱体
4. 加压板 5. 提升摇把 6. 齿条

大包时，底板直接放在箱子的底框架上，压成的捆包重为 50 ~ 55kg（适于汽车运输）；如需压成小包，则将底板通过加设的支架放在底框架上，此时压成的捆包重为 30 ~ 35kg（适于牲畜驮运）。

工作时先在箱体内装满羊毛，再用手工上下按动杠杆，加压机构上的齿条和加压板通过棘爪的作用，只能随杠杆下压时逐渐进入箱内，压实箱内的羊毛而不能随杠杆抬起时返回。加压结束后，打开箱门并用铁丝穿过加压板和底板上的上下开槽进行捆扎，最后摇转提升摇把，使齿条和加压板迅速升起，即可取出毛捆。该机的技术规格：压缩力 23.5kN，毛捆外形尺寸 440mm × 740mm × 620mm，羊毛压缩紧密度 250kg/m³，毛捆质量 50 ~ 55kg，生产率 250 ~ 450kg/h，操作人员 2 人。

第四节　药浴设备和气雾免疫机

一、绵羊药浴设备

对羊群进行药浴，可防止疥癣及其他寄生虫。绵羊一般每年两次药浴，一次是剪春毛后的春浴，一次是过冬前的秋浴。采用机械化药浴可摆脱抓羊的繁重体力劳动，提高工效 3 ~ 5 倍，并能减少药浴时羊的伤亡。根据药浴方式不同，药浴设备有淋浴式和升降浸泡式两种类型。我国目前生产和广泛使用的主要是淋浴式药浴设备。

除固定安装的药淋装置外，我国还生产有移动式的药淋装置，以供放牧场羊群流动药浴使用。如 9LYY-15 型移动式药淋车，整套装置安装在长为 5.2m 和宽为 3m 的车厢内，并另设容积为 2.1m³ 的药液箱，全部由拖拉机牵引到需药浴的放牧场。每小时可淋浴绵羊 280 ~ 300 只。

二、气雾免疫机

气雾免疫是利用压缩空气（400kPa）将稀释过的液体菌苗、

疫苗和药液通过喷嘴喷出，形成雾状微粒（10μm 以下）弥散于空气中，家畜将疫苗随空气吸入，产生抗体而达到免疫和治疗的目的。可比人工注射免疫提高工效 20 倍。图 3－49 所示为青海农牧

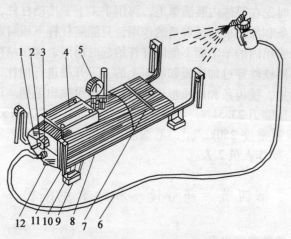

图 3－49　9WM-2 型气雾免疫机

1. 贮气罐　2. 放气阀　3. 安全阀　4. 压缩机支座　5. 压力表
6. 胶管　7. 汽油机座　8. 机架　9. 减震器　10. 支脚
11. 手把　12. 放水、放油螺塞

业机械厂生产的 9WM-2 型气雾免疫机。它由汽油机、空气压缩机、贮气罐、气雾枪等组成。全部设备都配置在可移动的机架上。汽油机驱动空气压缩机，使空气增压并进入贮气罐，压缩空气便通过贮气罐的放气阀和胶管送往气雾枪（图 3－50）的进气接头，与液瓶内的疫苗一起从喷嘴喷出，形成粒径小于10μm 的气雾微粒浮悬于空气中。

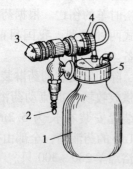

图 3－50　气雾枪

1. 液瓶　2. 进气接头
3. 喷嘴　4. 调节阀　5. 瓶盖

复习思考题

1. 说明机器挤奶的工作原理。
2. 说明挤奶设备的组成。
3. 挤奶杯、脉动器、集乳器各有哪些类型？分别有什么作用？
4. 真空装置由哪些部分组成？
5. 挤奶设备的类型有哪些？分别适合什么类型的奶牛场？
6. 说明鸡蛋加工处理的基本工艺流程。
7. 集蛋设备的类型有哪些？分别适合鸡的什么饲养方式？
8. 说明机器剪毛的意义。
9. 剪毛机的类型有哪些？各有什么特点？

第四章　畜禽舍的结构类型与环境控制

第一节　畜禽舍基本结构与基本类型

一、畜禽舍的基本结构

畜禽舍的主要结构包括地基与基础、墙、屋顶与天棚、门、窗等，它们共同组成畜舍的"外壳"，将畜禽舍空间与外部空间不同程度地隔绝，形成自身特有的畜舍小气候。其各部分从设计到施工必须符合采光、隔热、通风、排水的卫生要求，才能保证畜禽的健康和生产力的正常发挥。

畜禽舍的主要结构见图4－1，根据主要结构的形式和材料不同，可分为砖结构、木结构、钢筋混凝土结构和混合结构，现代化集约式畜舍因其容畜量较大，建筑要求较高，大都为钢筋混凝土结构。

（一）地基与基础

支持整个建筑物的土层叫地基。地基分天然地基（天然的土层）和人工地基（土层在施工前经人工夯实处理的）。常用的天然地基包括沙砾、碎石、岩性土层和砂质土层，而黏土、黄土和填土等则不适于作天然地基。小型畜禽舍因其压力较小通常修建在天然地基上。用作天然地基的土层必须具备足够的承重力和厚度，建筑物下沉不超过2～3cm，地下水位在2m以下，膨胀性小，无侵蚀。

房舍的墙和柱子埋入地下的部分称为基础，其作用是将房舍自身的重量以及固定在墙上和屋顶上的设备、屋顶及墙承受的风力等全部荷载传给地基。要求坚固、耐久，有抗机械能力及防潮、抗震、抗冻能力。一般基础比地面墙宽10～15cm。基础地面宽度、

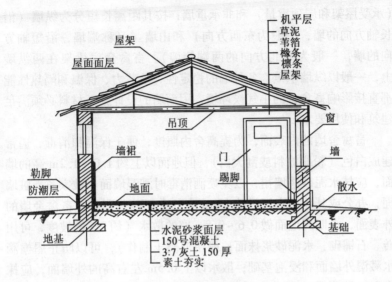

图 4 - 1　畜舍的主要结构

埋置深度应根据畜禽舍的总荷载、地基的承载力、地下水位及土层的冻胀程度等情况综合来确定。修建畜禽舍时要考虑当地的气候条件，基础埋置在冻土层最深处以下，同时也要注意基础的防潮，最好设防潮层。

（二）墙

基础以上露出地面的将畜禽舍与外部空间隔开的外围护结构。其作用主要是将屋顶和自身的重量传给基础，又可分隔和围护房舍。墙的总重量约占整个房舍的 60% ~75%，造价为整个房舍的 30% ~40%，散热量占房舍总散热量的 35% ~40%，因此墙在整个房舍建筑中起着至关重要的作用。要求墙体必须坚固、耐久、防火、耐水、抗冻、抗震；而且结构简单，造价便宜，便于清扫和消毒；有良好的保温隔热性能。

墙有不同的分类方法，按其所处位置分为外墙（分隔房舍与舍外）和内墙（分隔舍内各个空间）；按其是否承重分为承重墙

（承受屋架和屋顶重量）和非承重墙；按其距离长短分为纵墙（沿长轴方向的墙，一般为东西方向）和山墙（又称端墙，沿短轴方向的墙，一般为南北方向的两端侧墙）。畜禽舍房梁架在两纵墙上，一般以纵墙承重。各种墙的稳定性、承载力、保温和隔热性能都直接影响畜禽舍的小气候环境，因而墙的设计施工材料必须满足建筑和使用要求。

畜禽舍墙的内表面，为提高舍内照度，便于保温和消毒，通常建成白色（粉刷涂料或刮大白），但地面以上约 1.0～1.2m 高的墙面，应抹水泥砂浆墙裙，以免喷洒消毒时溅湿墙面和被家畜弄脏墙面，办公或其他用房可只抹 15cm 高的水泥砂浆踢脚。畜禽舍墙的外表面，沿四周地面做 0.6～0.8m 宽的散水（约 2% 的坡度，可用砖、石铺砌，水泥砂浆抹面；或用混凝土制作），可以防止屋檐滴水溅湿外墙面和浸泡基础；散水以上 0.5m 左右高的外墙面，应抹水泥沙浆勒脚，其目的亦为防止溅湿墙面，从而增加墙的使用寿命。

（三）屋顶与天棚

1. 屋顶　屋顶是房舍顶部的覆盖构件和外围护结构，其作用是遮风避雨、保温隔热。冬季舍内热量上升，屋顶散失的热量较多，而夏季屋顶接受的太阳辐射热也较多，因此要求屋顶建筑应不透气、不透水，有一定的承重能力，一定的坡度（便于排除雨雪与积水），结实、坚固、耐火；而且结构简单轻便、造价便宜。

屋顶构造包括承重构件和面层。承重构件是指桁条、梁或板等；面层一般用瓦、沥青、水泥、草泥等制成，起防水作用；寒冷地区在面层下设保温层，用玉米秸秆、高粱秸秆、芦苇秸秆等制作，起到保温的作用。

屋顶有多种形式，包括单坡式、联合式、双坡式、半钟楼式、钟楼式、平顶式、拱顶式、半拱顶式等（如图 4-2 所示）。单坡式屋顶的畜禽舍结构简单，造价便宜，主要为农村地区依墙而建。一般南墙高而北墙低，窗户设于南墙，采光较为充分，又有利于保温，但净高（矮墙面屋檐到地面的距离）低，不利于工人操作，因而此种畜禽舍只适用于小跨度畜舍和较小规模的畜群。联合式屋顶的畜禽舍与单坡式相近。双坡式屋顶的畜禽舍易于修建，较为经济，且结构合理，对保温、通风、隔热等都较为有利，适用于各种跨度和不同规模的畜群。钟楼式和半钟楼式屋顶的畜禽舍是在屋顶的两侧或一侧设天窗，有利于加强防暑和通风，但不利于防寒。其结构复杂，用料和投资较大，适用于天气炎热或温暖地区饲养耐寒怕热的家畜，多用作牛舍。目前国内此种畜禽舍最长跨度可达27m。平顶式屋顶可用于任何跨度的畜禽舍，采用预制或现浇钢筋混凝土板。拱顶式屋顶在我国 20 世纪 70 ~ 80 年代应用较多，可用砖石砌成，也可用钢筋混凝土薄壳拱顶。小跨度畜禽舍可作筒拱，大跨度畜禽舍可作双曲拱。歌德式、锯齿式和窑洞式等屋顶在我国目前应用较少。

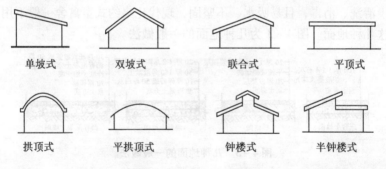

单坡式　双坡式　联合式　平顶式

拱顶式　平拱顶式　钟楼式　半钟楼式

图 4 - 2　各种屋顶形式

2. 天棚　又叫顶棚、天花板，是将畜禽舍屋顶与屋顶下空间隔开的构件。其主要作用在于加强畜禽舍冬季的保温防寒和夏季的隔热防暑，有利于畜禽舍的通风换气、提高舍内照度，因此吊置天棚时要求不透水、不透气，结构简单、轻便，坚固耐久，材料导热性小、防火性强，表面光滑、干净，涂成浅色，增加舍内光照。可用纤维板、PVC、胶合板或苇箔抹灰吊顶。

（四）地面

畜禽舍地面是畜禽躺卧休息、采食、饮水、排泄等的处所，与畜禽的关系非常密切。吸湿性强（土地面、三合土、砖面等）、高低不平、保温性能差的地面，会使舍内的小气候环境遭到破坏，从而使畜禽在一定程度上发病，影响畜禽的健康和生产力的发挥，因而畜牧生产对舍内地面要求较为严格。建筑畜禽舍时要求地面坚实、致密、不透水、不打滑、平坦而有一定坡度（畜床向粪尿沟方向有 2%～3% 的坡度）、易于消毒排污；有一定的保温隔热防潮性能和弹性、有足够的抗机械作用力；平整、无裂纹、易于干燥。畜禽舍一般采用混凝土地面，它除了保温性能差之外，其他性能都较好，地面平养的幼畜禽可铺垫草。沥青混凝土地面虽各项性能均较好，但往往含有有毒有害物质，易危害畜禽健康和造成药残。土、三合土、砖、木地面等，虽保温性能强于混凝土地面，但不便于清洗、消毒，且易吸水、不坚固，现代化集约式畜禽舍一般不用这几种地面。图 4-3 为几种地面的一般做法。

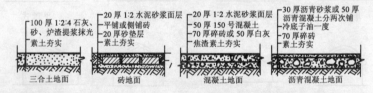

图 4-3　几种地面的一般做法

（五）门窗

门窗是设在墙上的构件，有的畜禽舍在屋顶设天窗加强通风换气。

1. 门　门是供人畜出入畜禽舍、畜栏或房间的通路，开启时也有通风和采光的作用。

用途不同，门的高度和宽度也不尽相同。专供人出入的门宽 0.9～1.0m，高 2.0～2.4m；供人、畜、手推车出入的门宽 1.2～2.0m，高 2.0～2.4m，供机械化作业车辆出入的门宽 3.2～4.0m；

供家畜出入的圈栏门，高度取决于隔栏高度，宽度一般为：猪0.6～0.8m，牛、马1.2～1.5m，鸡0.25～0.3m。

畜禽舍门必须便于生产操作，满足家畜自由出入，同时也要严密保温。畜舍外门一般设坡道而不设门槛、台阶，以便于家畜、手推车出入畜禽舍；门框、门扇上不能有尖锐的突出物，以免伤到畜禽。门通常设在纵墙或山墙上，根据需要可设在正中或偏一点的位置。温暖和炎热地区的门可修成栅栏门，以有利于通风；寒冷地区为加强门的保温可加设门斗，门斗比门宽1.0～2.0m，深度不应小于2m，以大家畜的体长或运输用小车的长度为度。

2. 窗　窗户的主要作用是保证畜禽舍良好的采光和通风换气。建筑时可用木窗或钢窗，形式多为对开或平开式，也可用上悬窗、下悬窗或中悬窗。设置窗户的一般原则是在保证采光系数的前提下尽量少设窗户，以能保证夏季通风为宜。依靠窗户通风的畜禽舍最好设成小单扇、180°的立悬窗。在总面积相同时，大窗户比小窗户有利于采光，为保证采光均匀，墙壁上的窗户应等距离分布，窗间壁的宽度不应超过窗宽的两倍。

二、畜舍的基本类型及其特点

根据畜禽舍外墙与外界隔离的程度不同，将畜禽舍分为封闭式、半开放式和开放式、敞棚式三大类型。封闭式四周墙壁完整；半开放式三面有墙而另一面为半截墙，开放式三面有墙而另一面无墙；敞棚式则只有屋顶而没有墙壁。这三种类型的畜舍，因与外界隔绝的程度不同，舍内小气候特点也各不相同，因而对各地区畜禽的适用性也互有差异。

（一）封闭式畜禽舍

上有屋顶遮盖，四周有墙壁保护的畜禽舍称为封闭式畜禽舍，该种畜舍冬季较暖，夏季较热。可分为有窗式和无窗式两种。有窗式畜禽舍是四面设墙，且在纵墙上设窗，可根据季节开启或关闭，来调节通风和保温隔热。因与外界隔离程度相对较高，可利用自然通风、光照和太阳辐射热，也可以采用机械辅助通风及供暖、降温等设备。跨度可大可小，适用于各种气候的地区。我国传统的双坡式瓦顶或草苫畜禽舍都属这种有窗式封闭舍，因而应用范围也较广。无窗式畜禽舍是为了进一步提高与外界的隔离程度，四面设墙，只有门而无窗，供暖、降温、通风、采光等均靠环境控制设备来调控，控制到畜禽的适宜范围。此种畜禽舍建筑及附属设备投资较大，要求严格，且维修费用也较高，在发达国家应用较多，而我国由于能源紧缺、劳动力较多，应用较少。国外建筑上多采用保温隔热性好的轻质复合材料（如植物纤维、玻璃纤维、聚苯乙烯泡沫塑料、聚氨酯等）制作屋顶和墙壁，隔绝程度较高，因而机械设备耗能上也较其他样式节省。由于其机械化、自动化程度较高，便于控制畜禽的生长发育和性成熟，能有效地控制疾病传播，便于防疫，因而可以大大提高畜禽的生产力。但在外界气候较好的季节，也不能停止机械通风和人工照明，这又比其他畜禽舍耗能增多。在选择畜禽舍样式时，应从国情出发，慎重考虑。图4-4表示了全封闭式猪舍的断面图。

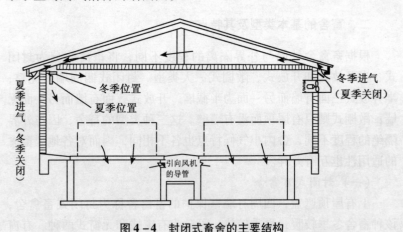

图4-4　封闭式畜舍的主要结构

（二）开放式和半开放式畜禽舍

开放式畜禽舍是墙体正面敞开的畜舍；半开放式畜禽舍是三面有墙，正面上部敞开，下部仅有半截墙的畜舍形式。敞开面一般为南侧，通常在敞开面一侧设运动场。如图4-5所示。其结构较简单，造价低，一般跨度较小，夏季通风和采光都较好，但受外界影响较大，冬季夜间寒冷，影响畜禽生长发育，降低甚至丧失了生产能力，造成饲料和人工的浪费。所以，这两种形式的畜舍，只适用于冬季不太冷而夏季又不太热的地区。

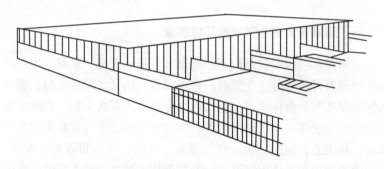

图4-5　开放式畜舍（前开式猪舍）

生产上可对开放式和半开放式畜禽舍加以改建，提高实用效果。夏季在畜禽舍后墙上多开一些窗户，加强对流，提高防暑能力。冬季除将后墙上的窗户关闭外，在房檐与运动场南墙间搭设塑料棚，白天利用阳光温室效应取暖，夜间加盖草帘保温，中午前后打开塑料棚顶部的气窗通风排湿；也可在前墙开露部分直接挂上草帘、卷帘或棚膜，这样构成一个不严密的封闭舍，都取得了较好的效果。

（三）敞棚式畜禽舍

依靠柱子承重而不设墙，或只设栅栏、矮墙，称为敞棚式畜禽舍，又称遮阴棚或凉棚。敞棚式畜禽舍造价低，屋顶可以防止日晒和避雨挡雪，四周敞开使空气流通，通风采光好，是防暑的一种有效形式。可用作运动场上遮阳棚，适用于炎热地区或温带地区饲养猪、牛、鸡等畜禽，或冬季较短、寒流较弱地区饲养某些耐寒力较强的家畜（主要是肉牛）。

在养牛业中可将敞棚式畜舍装备风机、挤奶设备等现代化设备，进行周密设计，科学管理，成为现代化畜舍。在我国南方地区应用较多。

第二节　畜禽舍环境控制

一、影响畜禽舍小气候的环境因素

畜禽舍环境控制就是控制影响畜禽生长、发育、繁殖、生产产品等的所有外界条件。主要有：物理因素，包括光照、空间、畜禽的饲养设备等；群体因素，包括栏内和笼内的畜禽头数，群体内畜禽的强弱等级等；空气质量因素，即空气中的有害气体和灰尘等的含量；热因素，包括气温、空气湿度、气流、气压和辐射强度等。环境中的物理和群体因素可由饲养管理技术解决，通常所说的环境因素是指热因素和空气质量因素，称为畜舍空气环境因素，主要包括温度、湿度、气流和光照等，它们共同决定了畜禽舍（主要指封闭式舍）的小气候环境。家畜生活在畜舍小气候中随时与之发生相互影响，这些影响有时可以锻炼家畜有机体对外界气候的适应性和抵抗力，但当其发生骤然变化，这些变化超出了家畜的调节范围时，反而会降低其抵抗力，特别是对弱畜、幼畜危害重大，甚至造成死亡。

（一）温度

各种畜禽都有适合自身生存的适宜温度范围，畜禽在此温度范围内生产力才能得到充分发挥。温度过高、过低都会使生产力下降，成本增加，甚至使机体健康和生命受到影响。适当的温度变化对畜禽机体是个良好的刺激，可以使各个系统的机能得到锻炼，有利于家畜健康和生产力的提高，因此从畜禽健康和生产力来看，畜舍内的实际温度在适宜温度范围内有所变化比始终稳定在一个标准上要好得多。不同地区气候、家畜种类、品种、年龄、生理阶段等条件下畜禽所需适宜温度也不相同，各种畜舍标准温度见表4-1（仅供参考）。适宜温度在现实生产中常常难办到，因此一些国家提出了畜禽舍的防寒和防热温度界限，但这些界限也不是绝对的，因为各地的气候条件不同，家畜的适应性不同等，等比例地区可根据自己的气候条件而参考采用。

　　不同类型畜禽舍舍内温度分布特点和要求也各不相同。① 封闭式畜禽舍：封闭式畜禽舍空气中的热量，一部分由舍外空气带来，大部分则产自舍内畜禽体表散发的体热。这些热量使舍内温度大幅度上升。白天家畜多处于活动状态，生产过程也较集中，产生的热量也较多；夜晚则相反，产生的热量就相对较少。冬季，封闭舍内的实际温度状况，主要取决于外围护结构及其保温能力。愈接近顶棚空气温度愈高，而家畜躺卧的地方，近于地面而温度最低。在没有天棚的情况下，通过屋面散失的热量就更多；夏季，封闭舍内的实际温度状况，主要取决于外围护结构的隔热能力和通风情况。如果外围护结构隔热不良，就会使强烈的太阳辐射直接影响到舍内；如果通风不良，就会使舍内蓄积的热量散不出去，致使舍内温度急剧上升。在同一畜舍内，空气温度分布并不均匀。垂直方向上，一般是天棚和屋顶附近较高，地面附近较低。如果天棚和屋顶保温能力强，通过它们散失的热量就少，舍内空气的垂直温差就小。如果天棚和屋顶保温能力很差，热量很快向上散失，就有可能出现相反的情况，即天棚和屋顶附近温度较低，而地面附近较高。所以，在寒冷的冬季，要求天棚和屋顶与地面附近的温差不应超过2.5~3.0℃；或每升高1m，温差不应超过0.5~1.0℃。水平方向上，舍温从中部向四周方向递减，中部温度较高，靠墙的地方，特别是墙角一带温度最低。畜禽舍的跨度愈大，这种差异愈显著。实际差异的大小，取决于墙壁、门、窗的保温能力。保温能力强则差

表 4-1　各种畜禽舍的标准温度

畜 禽 舍	温 度(℃)	畜 禽 舍	温 度(℃)
成年乳牛舍,1 岁以上青年牛舍：		空怀妊娠前期母猪舍	15(14～16)
拴系或散放饲养	10(8～10)	公猪舍	15(14～16)
散放厚垫料饲养	6(5～8)	妊娠后期母猪舍	18(16～20)
牛产间	16(14～18)	哺乳母猪舍	18(16～18)
犊牛舍		哺乳仔猪舍	30～32
20～60 日龄	17(16～18)	后备猪舍	16(15～18)
60～120 日龄	15(12～18)	育肥猪舍：	
4～12 月龄幼年舍	12(8～16)	断奶仔猪	22(20～24)
1 岁以上小公牛及小母牛舍	12(8～16)	165 日龄前	18(14～20)
		165 日龄后	16(12～18)
公羊舍,母羊舍,断奶后及去势后的小羊舍	5(3～6)	成年禽舍：	
羊产间	15(12～16)	鸡舍:笼养	18～20
公羊舍内的采精间	15(13～17)	地面平养	12～16
兔舍	14～20	火鸡舍	2～16
马舍	7～20	鸭舍	7～14
马驹舍	24～27	鹅舍	10～15
		鹌鹑舍	20～22
雏火鸡舍：		雏鸡舍：	
1～20 日龄:笼养	35～37	1～30 日龄:笼养	20～31
地面平养	22～27（伞下22～35）	地面平养	24～31（伞下22～35）
雏鸭舍:1～10 日龄:笼养	22～31	31～60 日龄:笼养	18～20
地面平养	20～22（伞下26～35）	地面平养	16～18
11～30 日龄	18～20（伞下22～26）	61～70 日龄:笼养	16～18
31～55 日龄	14～16	地面平养	14～16
雏鹅舍:1～30 日龄:笼养	20	71～150 日龄：	14～16
地面平养	20～22（伞下30）		
31～65 日龄	18～20		
66～240 日龄	14～16		

异小；保温能力弱，则差异大。所以，在寒冷的冬季，要求舍内平均气温与墙壁内表面温度的差不超过3℃；当舍内空气潮湿时，此温差不宜超过1.5~2.0℃。了解舍内空气温度的分布，对于设置通风管、安置家畜等具有重要意义。例如，初生仔猪怕冷，可尽量安置在畜舍中央；在笼养的育雏室内，应设法把日龄较小、体质较弱的雏鸡安置在上层。②敞棚式畜禽舍：棚舍可隔绝太阳的直接照射，白天气温低于露天，夜晚与露天相同。这表明，敞棚在减弱太阳辐射的影响方面有着显著效果，在炎热季节和炎热地区具有良好的防暑作用。而冬季只能遮挡雨雪，棚内得不到太阳辐射热，四周又完全敞开，防寒能力极低，会使畜禽受冻。③开放式和半开放式畜禽舍：舍内空气的流动性仍然很大，气温随舍外气温的升降而变化，同舍外没有多大差异，冬季饲养家畜的效果很差，与敞棚舍相比，冬季可以减弱寒流的侵袭，防寒能力强些。

（二）湿度

畜禽舍的相对湿度是由舍内的水汽量决定的，舍内水汽的来源主要是家畜本身，畜体呼吸过程中排出大量水汽，约占畜舍水汽量的75%；其次是潮湿的地面、垫料和墙壁所蒸发的水分约占20%~25%；再者是舍外进入舍内的大气本身含有的水汽，约占10%~15%。封闭式畜禽舍中空气水汽含量常比大气高出很多，而敞棚式、开放式和半开式畜禽舍因空气流通量大，舍内空气湿度与舍外没有显著差异。

畜禽舍内空气的湿度范围和空气温度一样要按各地区条件及家畜种类、品种、年龄等来确定，目前尚无统一标准。一般按动物的生理机能来说，50%~70%的相对湿度是比较适宜的，最高不超过75%。奶牛舍因用水量大，标准可放宽些，但不应超过85%。各种畜禽舍的最高限度：成年牛舍、育成牛舍为85%；犊牛舍、分娩室、公牛舍为75%；马厩为80%；成年猪舍、后备猪舍为65%~70%；肥猪舍、混合猪舍为75%~80%；绵羊圈为80%；产羔间为75%；鸡舍为70%。畜舍空气湿度大，无论是在气温高或气温低的情况下，对畜体都有不良影响。生产中应特别注意对畜禽舍高湿度采取控制措施。

（三）气流

畜禽舍中气流的产生，主要由于门窗启闭、墙壁上的缝隙、通风设备运行、畜禽呼吸及体热散发引起。一般来说，靠近门、窗、通风管的地方气流较强，其他地方较弱。白天，畜禽散发的热量较多，各种生产活动也较频繁，所以气流较强，夜晚则较弱。舍内空气运动速度的变化，在家畜躺卧的高度较剧烈，在家畜站立的高度较小一些；在畜禽舍的两端变化大，在中部变化较小。舍内设备（如畜栏、鸡笼等）的形式、结构和数量，也对气流的方向和速度有很大影响。例如，猪舍猪栏间壁是钢管对气流的影响就较小；是混凝土或砖砌的影响就较大，甚至会使栏内空气呆滞，形成死角。敞棚式、开放式和半开放式畜禽舍中的气流，几乎完全决定于自然界气流的方向和大小，受舍内各种因素的影响较小。

在寒冷的冬季，加大气流速度会增加机体散热量，加剧寒冷的不良影响；而在炎热条件下，加大气流速度则有利于机体对流散热与蒸发散热，因而对家畜具有良好作用。一般来说，冬季畜体周围气流速度以 $0.1 \sim 0.2 \mathrm{m/s}$ 为宜，最高不超过 $0.25 \mathrm{m/s}$，以有利于污浊空气排出。要求引入舍内的空气均匀地散布到畜舍的各个部位，防止强弱不均和出现死角；同时还要避免直接吹向畜栏，使畜体受冷，发生感冒、肺炎等疾病；夏季应尽量提高舍内空气流动速度，加大通风量，必要时辅以机械通风。

需要强调的是在畜舍中要切忌产生贼风。俗话说："不怕狂风一片，只怕贼风一线"，"针尖大的缝隙，斗大的风"。所谓贼风就是从小缝隙进来的一股温度较低而速度较大的气流。害处是使畜体局部受冷刺激，机体不能产生相应的反应而进行必要的调节，往往引起关节炎、神经炎、冻伤、感冒甚至肺炎、瘫痪等。因此，要堵塞畜舍的一切缝隙（尤其是冬春季节），特别是位置较低处，将进气管设在墙壁的上方；猪舍内设置漏缝地板尽量缩小其面积，并远离畜床，以免贼风吹袭猪体。

（四）光照

光照的时间、强度及光的颜色都可影响畜禽的生长发育、性成熟等生产性能，因此，光照是畜禽舍小气候环境的重要因素。家畜的种类不同，光照的影响程度不同。通常情况下，种用畜禽的光照时数应适当长一些，以利于其生长发育、繁殖和生产产品，并增强体质；育成畜禽、育肥畜禽则应适当短一些，以减少活动，加速生长和肥育。各种畜禽所需光照时间如表 4 - 2 所示。光照强度蛋鸡 10lx，肉鸡与雏鸡 5lx。从便于人的工作考虑，其他家畜地面上的光照强度以 10 ~ 40lx 为宜。至于光的颜色对畜禽的影响，研究尚少，一般以家禽作为试验动物。普遍认为，红黄光对鸡有镇静作用，啄癖极少，性成熟期略迟，产蛋量稍有增加，对饲料利用率和育成率也有提高作用；蓝光和绿光下，肉鸡增重最快，但对蛋鸡不如红光好。

表 4 - 2　各种畜禽每昼夜所需光照时间

畜禽	奶牛	种公牛	犊牛、育成牛	肉牛	母羊、种公羊	怀孕后期母羊、羔羊
光照时间(h)	16 ~ 18	16	8 ~ 10	14 ~ 18	8 ~ 10	16 ~ 18
畜禽	育成鸡	产蛋鸡	兔	瘦肉猪	脂肪型猪	其他猪
光照时间(h)	8 ~ 9	14 ~ 16	15 ~ 18	6 ~ 12	5 ~ 6	14 ~ 18

畜禽舍的光照根据光源分为自然采光和人工照明。敞棚式畜禽舍利用自然采光；开放式和半开放式畜禽舍、封闭式中的有窗式畜禽舍，都有很大的开敞部分，主要利用自然光照，必要时辅以人工照明；无窗式封闭畜禽舍则完全采用人工照明。自然采光利用太阳光线通过畜舍的开露部分和门、窗进入舍内，调节家畜的生理机能，为人的工作和家畜的活动提供方便。这种方法是最经济的，但影响因素很多，光照强度和光照时间具有明显的季节性，一天当中也在不断变化，难以控制，舍内照度也不均匀，特别是跨度大的畜

舍，中央地带照度更差。人工照明是在畜舍内安装一些照明设施，实行人工控制光照。可补充自然采光时数和照度的不足。这种办法受外来因素影响小，但造价高，投资大。现代集约化畜禽舍大都安装人工照明设备。

二、畜禽舍小气候环境的控制

（一）畜禽舍温度的控制

温度对畜禽健康和生产力的影响最为严重，畜禽舍小气候控制主要取决于舍温控制。目前，在畜牧业生产中已把舍温控制作为有效利用饲料、最大限度地获得畜产品的手段之一。

1. 畜禽舍防暑降温的控制

（1）加强畜禽舍建筑的隔热设计

①屋顶隔热。炎热地区和高温季节，可使屋面接收太阳辐射温度高达 60~70℃，若屋顶隔热不良，会对舍内畜禽极为不利，因而必须加强对屋顶的隔热设计。可采取下列措施：a. 选用隔热材料和确定合理结构。尽量选用导热系数小的材料，以加强隔热效果；确定多层屋顶的结构，在屋面的最下层铺设导热系数小的材料，其上为蓄热系数较大的材料，再上为导热系数大的材料，这样白天可避免舍温升高而导致过热。但是，这种结构只适用于夏热冬暖地区。在夏热冬冷的北方，则应将上层导热系数大的材料换成导热系数小的材料；b. 充分利用空气的隔热特性。空气的导热系数小，不仅可作保温材料，亦可作防热材料。空气用于屋面的隔热时，通常采用通风屋顶来实现，将屋顶做成两层，中间空气可以流通。图 4-6 为靠热压形式的间层通风 a 和 c 与靠风压形式的间层通风 b。一般间层应有适宜的高度：坡屋顶可取 12~20cm；平屋顶可取 20cm 左右。夏热冬暖地区可适当提高间层高度，夏热冬冷地区间层高度在 10cm 以下，或不设通风屋顶，但可以采用双坡屋顶设置天棚，在两山墙上设风口，夏季也能起到通风屋顶的部分作用，冬季可将山墙风口堵严，以利于天棚保温；c. 采用浅色、光

滑外表面，增强屋面反射，以减少太阳辐射热。

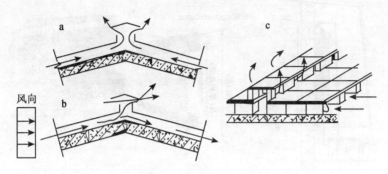

图 4 - 6 通风屋顶

a. 双坡通风屋顶的热压通风 b. 双坡通风屋顶的风压通风 c. 平顶通风屋顶

②墙壁隔热。在炎热地区多采用开放舍或半开放舍，墙壁的隔热没有实际意义。但在夏热冬冷地区，必须兼顾冬季保温，故墙壁必须具备适宜的隔热要求，既要有利于冬季保温，又要有利于夏季防暑。如现行的组装式畜舍，冬季组装成保温封闭舍，夏季可拆卸成半开放舍，冬夏两用，十分符合卫生学要求。

炎热地区封闭舍的墙壁隔热，应按其屋顶的隔热设计来进行处理，特别是受太阳强烈照射的西墙。

③舍内通风。通风是畜舍防暑降温措施的重要组成部分，目的在于驱散舍内产生的热能，不使其在舍内积累而致舍温升高。舍内建筑通风见畜禽舍通风控制介绍。

（2）采取降温设备降温：饲养管理过程中除了用往地面与屋顶洒水等降温方法外，还应在舍内安装一定的降温设备来缓解高温对畜禽的不良影响。

①蒸发垫。蒸发垫又称湿帘，是用多孔且吸水性、耐腐蚀性强的材料制作而成的有波纹沟槽的蜂窝状结构的构件。目前国内外采用的材料多为特殊配方的纤维纸，其使用寿命长（可达 3 ~ 4 年），且湿强度和湿挺度都较高，可使水和空气得到强烈的混合，有利于

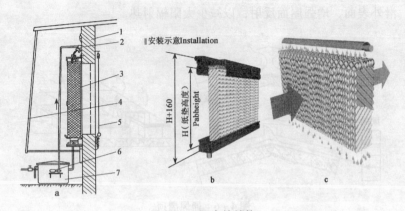

图 4 – 7　湿帘的结构

a. 湿帘的结构　b. 湿帘的安装结构　c. 湿帘的工作原理
1. 墙壁　2. 上水分配管路　3. 湿帘　4. 遮光罩
5. 挡风帘　6. 水泵　7. 回水容器

提高降温效率。现代集约化畜禽舍多用湿帘降温设备，如图 4 – 7
所示，包括水箱、水泵、水分配管、湿帘、水槽、回水管等。湿帘
设在畜禽舍一端的侧墙或端墙（山墙）上，水箱设在靠近湿帘的
舍外地面上，水箱有浮子装置保持固定水面。水泵将水输入湿帘上
方的水分配管内，水分配管是一根带有许多细孔的水平管，它将水
均匀分配使水沿湿帘全长淋下，通过湿帘的水被收集在水槽内再回
入水箱。畜禽舍另一端侧墙或端墙的排气风机开动，使畜禽舍形成
一定的真空度，湿帘外的室外空气就通过湿帘进入舍内，在通过的
同时湿帘的水蒸发，从而降低了进入空气的温度。为了避免出现不
断的水蒸发而使水中盐分累计，水平管末端有排流细管，水不断从
此排出，排出的水量约为水蒸发量的 20% ~ 30%。蒸发垫的水流
量为每米垫宽度 4 ~ 5L/s，水箱容量为每平方米蒸发垫面积 20L。
图 4 – 8 为几种湿垫风机降温系统布置图。有资料报道当舍外气温
在 28 ~ 38℃时，湿垫可使舍温降低 2 ~ 8℃。

　　②畜体淋水器。主要用于猪舍和牛舍，原则上设在畜床靠近粪

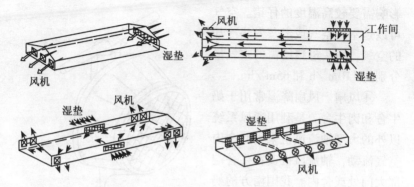

图4-8　几种湿垫风机降温系统布置图

尿沟的上方。它包括带浮子装置的水箱、水泵、管道、喷嘴以及含有恒温器和继电器的控制设备。猪舍有自来水可省去水箱和水泵，见图4-9所示。每个畜栏可安一个喷头，高度为离地2m，当环境温度达到30℃时，它能每隔1h喷2min水。

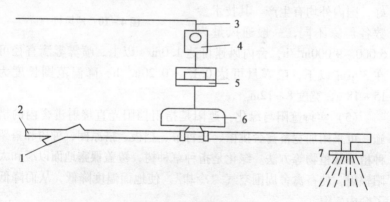

图4-9　畜体淋水器

1. 可卸去的过滤网　2. 供水管　3. 电线　4. 定时器　5. 恒温器　6. 电磁阀　7. 喷嘴

③局部冷空气供应系统。主要用于限制饲养的产仔母猪舍对母猪的降温，包括空气冷却装置、主管道和分支管道等部件。主管道往往进行隔热，分支管道直接引向母猪头部。这种局部冷却可防止

影响需要较高温度的仔猪。空气可以是室外空气或经蒸发垫冷却的空气，每头母猪所需的空气量分别为 110m³/h 和 65m³/h。

④风扇。风扇降温常用于奶牛舍和肉牛舍。是利用通风系统以外的大型轴流风机来引起舍内空气流动，轴流风机安在牛舍端部大门处或舍内。我国南方的奶牛舍内常将成排的吊扇安在拴系奶牛的上方。

⑤冷风设备。冷风机是一种喷雾和冷风相结合的新型设备（图 4 - 10 所示），降温效果较好，国内外均有生产。其技术参数各厂家不同，一般通风量为

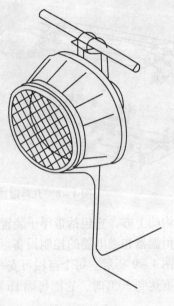

图 4 - 10 冷风机

6 000 ~ 9 000m³/h，舍内风速可达 1.0m/s 以上，喷雾雾滴直径可在 30μm 以下，喷雾量可达 0.15 ~ 0.20m³/h，降温范围长度为 15 ~ 18m，宽度 8 ~ 12m。

（3）实行遮阳与绿化：遮阳是指阻挡阳光直接射进舍内的措施，可采用加宽畜禽舍挑檐、挂竹帘、挡板、搭凉棚、种树和搭架种植攀缘植物等方法。绿化是指种草种树，覆盖裸露地面以缓和太阳辐射，使畜禽舍周围空气"冷却"，使地面温度降低，从而降低了舍内气温。

（4）降低饲养密度：炎热季节降低舍内畜禽的饲养密度能起到防暑降温的作用。

2. 畜禽舍防寒采暖的控制

（1）加强畜禽舍建筑的保温隔热设计

①加强畜禽舍各结构保温隔热设计。这与炎热地区畜禽舍的防

暑措施是相同的，包括屋顶、天棚和墙壁的保温。除此而外，可适当降低畜禽舍净高，净高一般不宜低于 2.1~2.4m；铺设保温地面；在外门加门斗，受冷风侵袭的北墙、西墙尽量不设门；设双层窗、单框双层玻璃窗或临时加塑料薄膜窗帘。北窗面积应酌情减少，一般可按南窗面积的 1/4~1/2 设置；对受冬季主导风和冷风影响大的北墙和西墙进行加厚保温。

②　选择有利保温的畜禽舍形式与朝向。选择畜禽舍形式时，应考虑当地冬季寒冷程度和饲养畜禽的种类及饲养阶段。前面已经叙述过各类型畜禽舍的适用范围。在畜禽舍隔热设计相同的前提下，大跨度的畜禽舍，外围护结构的面积相对小，失热少，有利于冬季保温。但南向单列舍较之大跨度舍可充分利用阳光取暖。多层畜禽舍，上层有良好的隔热屋顶，下层有良好的保温地面，是解决保温与燃料矛盾的一种好办法。我国寒冷地区一些地方已采用二层舍（楼）养猪、养鸡，效果也很好。

畜舍朝向，不仅影响采光，而且与冷风侵袭有关。在寒冷地区，由于冬春季风多偏西或偏北，故在实践中，畜舍以南向为好，有利于保温。

（2）加强畜禽舍的人工采暖：在采取各种防寒措施仍不能保障要求的舍温时，必须实行人工采暖。人工采暖方式有集中采暖和局部采暖两种，前者是由一个热源（如锅炉房）将热媒（热水、蒸汽或热空气）通过管道送至各房舍的散热器（暖气片等）；后者是在需要采暖的房舍或地点设置火炉、火炕、保温伞、红外线灯等。无论采取何种方式，应根据畜禽要求，采暖设备投资、能源消耗等，考虑经济效益来定。畜禽舍常用的供热设备介绍如下：

①　热水式供热系统。是以水为热媒的设备，与暖气供热相似。由于水的热惰性大，可使温度调节达到较高的稳定性和均匀性，运行也较经济。按照水在系统内循环的动力可分为自然循环和机械循环两类。自然循环热水供热系统由热水锅炉、管道、散热器和膨胀水箱等组成，锅炉和散热器之间用供水管连接，系统水满后，水被

锅炉加热升温，密度减小，在散热器中的水热量散发，温度降低，密度加大，冷却后又回流至锅炉被重新加热，形成循环，膨胀水箱用来容纳或补充系统中的膨胀或漏失。散热器串联为单管系统，并联为双管系统（如图 4－11 左、右），前者用管较省，流量一致，但温度不均；后者流量不均，但温度一致。机械循环热水供热系统比自然循环热水供热系统多设一水泵，一般安装在回水管路中，适用于管路长的大中型供热系统。

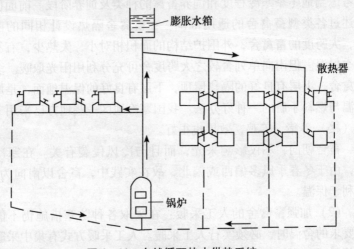

图 4－11　自然循环热水供热系统

②热风式供热系统。常用于幼畜禽舍，由热源、风机、管道和出风口等组成，空气通过热源加热后由风机经管道送入舍内。该系统可以和冬季通风相结合而避免冬季冷风对畜禽的危害，同时可使供热更为均匀。根据热源的不同，此系统可分为热风炉式、蒸汽（或热水）加热器式和电热式。热风炉式热风供热系统按燃料类型可分为烧煤、烧油和烧可燃气等形式；按对空气加热形式可分为直接加热式和间接加热式。蒸汽加热器式热风供热系统的加热和送风部分（图 4－12 所示）是由气流窗、气流室、散热器、风机和风管等组成。散热器是有散热片的成排管子，锅炉蒸汽或热水通过管

内。室外新鲜空气通过可调节气流窗被风机吸入并沿暖管进入舍内。电热式热风供热系统与蒸汽加热式类似，区别是用电热式空气加热器代替蒸汽式空气加热器。电加热器制作简单，在风道中安上电热管即可，设备投资较低，但耗电量大，费用高，生产中应慎重应用。

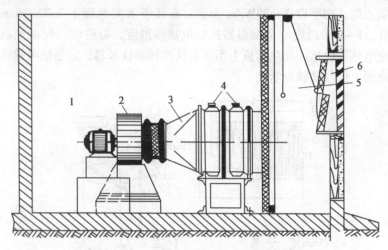

图 4 - 12 蒸汽（或热水）加热器供热系统
1. 电动机 2. 风机 3. 吸风管 4. 散热器 5. 气流室 6. 气流窗

①②都属畜禽舍集中供热系统。

③ 局部供热式供热设备。用于幼畜禽舍，主要包括育雏伞、红外线灯、加热地板等。育雏伞是在地上或网上平养雏鸡的局部加热设备，详见孵化和育雏设备一节。红外线灯用于产仔母猪舍的仔猪活动区和雏鸡舍的局部加热，有250W和650W两种，视舍内温度情况而定，高度为仔猪舍45cm以上，雏鸡舍25cm以上。加热地板主要用于产仔母猪舍和其他猪舍，由于其易引起水的蒸发增加舍内湿度，应使饮水器远离加热地板，母猪活动区不应设加热地板。加热地板有热水管式和电热线式两种（如图4 - 13、图4 - 14所示），二者所用控制温度传感器应位于加热地板地表面下25cm

处，距热水管 100 ~ 150mm 或距电热线 50mm。热水管式是用水泵将水从水加热器或热水锅炉抽出，通入地板下的加热水管，再流入加热器，水管中的热水对地板进行加热。地板下的传感器将所测温度通过恒温器来开动或停止水泵。加热水管可由铸铁管或耐较高温度（130℃）的塑料管制作。电热线式加热地板的电热线外包有聚氯乙烯，功率以 7 ~ 23W/m 为宜。安装于水泥地面下 3.75 ~ 5cm 处，1 ~ 5 个栏设一个恒温器控制电热线温度，每栏设一保险丝以免电热线烧坏。加热地板上不应有铁栏杆和饮水器，加热垫可铺在地面上供仔猪躺卧活动。

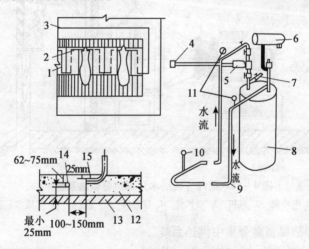

图 4 – 13　热水管加热地板设备

1. 热水器　2. 在母猪架位下的管子上面加 50mm 厚隔热板
3. 回水管　4. 恒温器　5. 泵　6. 缓冲箱　7. 供水阀
8. 水加热器　9. 热水管　10. 空气阀　11. 水压表
12. 混凝土地板　13. 隔热板　14. 热水管　15. 传感器

（3）加强防寒饲养管理：饲养管理过程中可采取适当加大舍内饲养密度，勤换垫草，节约用水，及时清粪、注意通风，利用塑料等温室效应，加强畜禽舍的保养和维修等措施防寒。

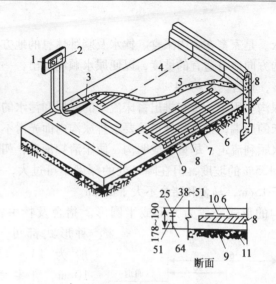

图 4 - 14　电热线式加热地板（单位：mm）

1. 开关　2. 恒温器　3. 传感器　4. 仔猪活动区　5. 母猪栏　6. 电热线

7. 胶带　8. 隔热层　9. 碎石　10. 混凝土　11. 防水层

（二）畜禽舍湿度的控制

畜禽舍尤其是现代集约化畜禽舍每天要排出大量粪尿和日常管理上的废水，严重影响着畜禽舍的小气候，因此合理设置畜舍排水系统以及注意日常的饲养管理，是防止舍内潮湿、保持良好的空气卫生状况和畜禽体卫生的重要措施。

1. 合理设置畜舍的排水系统　排水系统是根据清粪方式而设计的，按畜禽种类和饲养管理，清粪方式可分为：人工清粪、机械清粪、水冲清粪和水泡清粪等。以人工、机械清粪方式的畜禽舍可用传统式的排水系统；以水冲或水泡清粪方式的畜禽舍可用漏缝式地板式排水系统。

（1）传统式的排水系统：一般由畜床、排尿沟、降口、地下排水管及污水池组成。粪尿及污水通过排水系统流入污水池中贮存，而粪便等固形物则由人或机械清出用运载工具运至舍外堆放场堆放。

①畜床。是家畜在舍内采食、饮水及躺卧休息的地方。要求畜床向排尿沟方向应有适宜的坡度，以便尿水顺利排出，一般牛舍为1%～1.5%，猪舍为3%～4%。

②排尿沟。用于承接和排出畜床流来的粪尿和污水的设施。一般设在畜床的后端，紧靠除粪道。要求排尿沟内面光滑不透水，且能保证尿水顺利流走；尽量建成明沟，便于清扫消毒；朝降口方向要有1%～1.5%的坡度，但在降口处的深度不可过大，一般要求牛舍不大于15cm，马舍和猪舍不大于12cm。

排尿沟的形式一般为方形或半圆形。猪舍及犊牛舍用这两种形式都可，沟宽一般为13～15cm，深10cm。乳牛舍宜用方形排尿沟，也可用双重排尿沟。其尺寸及构造见图4－15。马舍宜用半圆形，马蹄踏入时不易受伤。沟宽一般为20cm，深8～12cm。种马在单栏内饲养时，一般不设排尿沟。

③降口。又称地漏、水漏，是排尿沟与地下排水管的衔接部分。一般在排尿沟底每隔20～30m设置一个降口。为了防止粪草落入堵塞，上面应有与尿沟

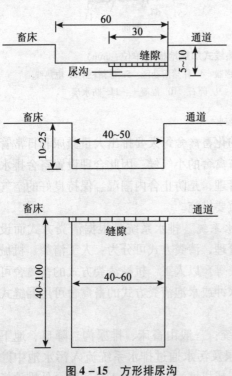

图4－15 方形排尿沟

同高的铁箅子。在降口下部，地下排水管口以下，应形成一个深入地下的伸延部，称之为沉淀池（需有 1% ~2% 的坡度），用以沉淀尿液及污水中的固形物质，防止管道堵塞。因畜舍中的弃水，特别是粪尿中多混有固体物，随水冲入降口，如果不设沉淀池，则易堵塞地下排水管。沉淀池与排水管如图4－16所示。

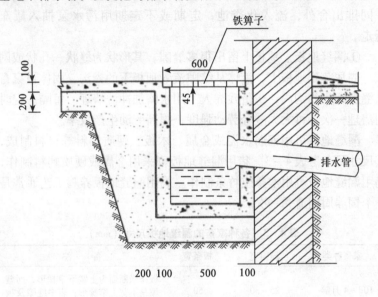

图 4－16 沉淀池与排水管

④地下排水管。与排尿沟方向垂直，用于将各降口流下来的尿及污水导入舍外粪水池中。要求排水管比沉淀池底高 50 ~ 60cm，向污水池方向有 3% ~5% 的坡度。若地下排水管自畜舍外墙至污水池的距离大于 5m 时，应在舍外修一检查井，以便在管道堵塞时进行疏通。在寒冷地区的地下排水管在舍外部分及检查井应采取防冻措施，以免管内污水结冰。

⑤污水池。应设在舍外地势较低处，且在运动场相反的一侧，距舍外墙不小于 5m；粪水池一定要离开饮水井 100m 以外；需用不透水耐腐蚀的材料制成，以防污水渗入地下污染土壤及地下水。

粪水池的容积和数量可根据舍内家畜种类、头数、舍饲期长短及粪水存放时间来定。粪水池如长期不掏，则要求较大的容积，很不经济。故一般按贮积 20～30d，容积 20～30m³ 来修建。

（2）漏缝式地板的排水系统：由漏缝地板、粪沟、粪水清除设施和粪水池组成。此种排水系统，家畜的粪便和污水混合，粪水一同排出舍外，流入化粪池，定期或不定期用污水泵抽入罐车运走。

①漏缝地板。地板上留出很多缝隙，其形状为缝状、孔状或网状。粪尿落到地板上，液体从缝隙流入地板下的粪沟，固体被家畜从缝隙踩入粪沟内，少量残粪人工用水略加冲洗清理。每隔一定时间清理一次，可大大减轻劳动强度，提高劳动生产效率。

漏缝地板可用钢筋水泥或金属、木板、硬质塑料等材料制成，其尺寸可参考表 4－3。猪用漏缝地板可采用金属或硬质塑料制作，鸡用漏缝地板可用木条或竹条制作。鸡用漏缝地板养鸡工艺通常是一个饲养周期清粪一次。

表 4－3　各种家畜的漏缝地板尺寸（mm）

家畜种类	缝隙宽	板条宽	备　　注
牛			板条横断面为上宽下窄梯形，而缝隙是下宽上窄梯形；表中缝隙及板条宽度均指上宽，畜舍地面可分全漏缝或部分漏缝地板
10d～4 月龄	25～30	50	
4～8 月龄	35～40	80～100	
9 月龄以上	40～45	100～150	
猪			
哺乳仔猪	10	40	
育成猪	12	40～70	
中　猪	20	70～100	
育肥猪	25	70～100	
种　猪	25	70～100	
羊	18～20	30～50	
种鸡	25	40	板条厚25mm，距地面高 0.6m。板条占舍内地面的 2/3，另 1/3 铺垫草

②粪沟。位于漏缝地板的下方，与漏缝地面宽度相近，用以贮存由漏缝地板落下的粪尿，随时或定期清除。通常粪沟宽 0.8 ~ 2.0m，深度为 0.78 ~ 0.8m，向粪水池方向有 0.5% ~ 1% 的坡度。也可采用水泥盖板侧缝形式，即在地下粪沟上盖以混凝土预制平板，盖板稍高于粪沟边缘的地面，因而与粪沟边缘形成侧缝，家畜排的粪便，用水冲入粪沟。

③粪水清除设施。漏缝式地板清粪方式一般采用水冲或水泡和刮板清粪。

a. 刮板清粪，使用牵引刮板式清粪机，拉拽粪尿沟内的刮板运行，将粪尿刮向畜舍一端的横向排尿沟。该工艺减少了用水量和粪尿总量，便于后期粪尿处理。但刮板、牵引机、牵拉钢丝绳易被粪尿严重腐蚀，缩短使用寿命；耗电较多；噪音也较大，维修不便。近几年采用高强度化纤材料的绳子，解决了易腐蚀的问题。

b. 水冲或水泡清粪，如图 4 - 17 所示，靠家畜把粪便踩落入粪沟中，粪沟一端设有自动翻斗水箱，放满水后自动翻转倒水，将沟内的粪便冲至粪水池中；也可在粪沟一端的底部设挡水坎，使沟内总保持有一定深度的水（15cm 左右），漏下的粪便被浸泡变稀，随着落下的粪便增多，粪便高度增加，此时可通过水自溢入粪水池中或将挡水坎拔起使粪水流入粪水池中。此种方法虽省工省时、方便

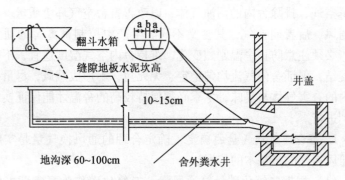

图 4 - 17　漏缝地板排水系统的一般模式

易行、效果较好，但耗水量和耗电量都较大，舍内潮湿，臭味严重，且粪水处理利用复杂，容易造成环境污染，生产中应慎重选用。

④粪水池。同传统式排水系统一样用于承接畜禽舍排放出的粪便和污水。分为地下式、地上式和半地下式三种。要求必须防止渗漏，以免污染土壤和地下水源。生产中有的养殖场利用粪水池直接作粪尿污水的无害化处理。

2. 做好畜禽舍的防潮管理 在生产实践管理中，防止舍内潮湿，特别是冬季，是一个比较困难而又非常重要的问题，所以应从多方面采取综合措施。牧场场址选择在高燥、排水良好的地区，畜禽舍的墙基和地面应设防潮层，对已建成的畜禽舍应待其充分干燥后才开始使用；对于排水系统必须经常进行护理，要防止堵塞及经常清除粪尿沟内的草；定期用水冲洗及清除降口中的沉淀物，一定要按时清掏粪水池；注意畜禽舍的保温，使舍内气温保持在露点以上；畜禽舍中尽量减少用水，及时清除粪尿和污水，经常更换湿垫料；保持舍内良好的通风换气，及时将舍内过多的水汽排出。

（三）畜舍的通风控制

畜禽舍的通风换气是畜舍环境控制的一个重要手段，在任何季节都是必要的。夏季加强通风，可促进畜体的蒸发散热和对流散热，以缓和高温对畜禽的不良影响；冬季密闭畜禽舍，引进舍外的新鲜空气，排除舍内的污浊气体，以改善畜舍空气环境质量。前者叫通风，后者叫换气，其含义不同。生产中控制畜禽舍的通风换气，必须注意防止舍温剧烈变化，维持舍内空气湿度适宜，不使水汽凝结，保证舍内气流均匀稳定、无死角，不形成贼风，尽量排出舍内的有害气体与臭味，冬季必须保持较高的舍温才能保证换气的顺利进行。

1. 畜舍通风换气量的确定 确定合理的通风换气量是实施畜舍通风换气的最基本的依据。

（1）根据二氧化碳计算通风量：二氧化碳作为畜禽营养代谢的产物，可以代表空气的污浊程度。各种畜禽的二氧化碳呼出量可查表求得，根据舍内畜禽产生的二氧化碳总量和畜禽环境卫生学规定的二氧化碳浓度，可求出每小时需由舍外导入多少新鲜空气，可将舍内聚积的二氧化碳冲淡。计算公式为：

$$L = 1.2 \times MK/(C_1 - C_2)$$

式中，L——该舍所需通风换气量（m^3/h）；

　　　　K——每头畜禽的二氧化碳产量［$CL/(h \cdot 头)$］；

　　　　1.2——附加系数，考虑舍内微生物活动产生的及其他来源的二氧化碳；

　　　　M——舍内畜禽的头数；

　　　　C_1——舍内空气中 CO_2 允许含量；

　　　　C_2——舍外大气中 CO_2 含量。

通常根据二氧化碳计算得出的通风量，往往不足以排除舍内产生的水汽，一般只适用于温暖、干燥地区，在潮湿地区，尤其是寒冷地区应根据水汽和热量来计算通风量。

（2）根据水汽计算通风换气量：通过导入舍外干燥的新鲜空气以置换舍内的潮湿空气，根据畜舍内外空气中所含水分的差异求得排除舍内水汽所需要的通风换气量。其公式为：

$$L = Q/(q_1 - q_2)$$

式中，L——排除舍内产生的水汽每小时需有舍外导入的新鲜空气量（m^3/h）；

　　　　Q——舍内产生水汽量及潮湿物体蒸发的水汽量（g/h）；

　　　　q_1——舍内空气湿度保持适宜范围时所含的水汽量（g/m^3）；

　　　　q_2——舍外大气中所含水汽量（g/m^3）。

用水汽计算得出的通风换气量，一般大于用二氧化碳算得的量，只适用于潮湿、寒冷地区。

（3）根据热量计算通风换气量：畜禽在呼吸过程中还要不断地向外放散热能，在夏季为了防止舍温过高，必须通过通风将过多的热量排出；而在冬季却要有效地利用这些热能温热空气，以保证舍内水汽、灰尘、有害气体等的顺利排出，这就是根据热量计算通风量的理论依据。其公式为：

$$L = Q - \Sigma KF \times (t - W)/(1.3 \times \Delta t)$$

式中，L——所需通风换气量（m^3/h）；

　　　Q——畜禽产生热量（kJ/h）；

　　　KF——通过外围护结构散失的总热量 $[kJ/（h \cdot ℃）]$；

　　　K——外围护结构的总传热系数 $[kJ/（m^2 \cdot h \cdot ℃）]$；为外围护结构的面积（$m^2$）；

　　　W——由地面及其他潮湿物体表面蒸发水分所消耗的热能，按畜禽总产热的10%（猪按25%）计算；

　　　Δt——畜舍内外空气温差（℃）。

由此法计算的通风换气量，只能用于排除多余的热能，不能保证冬季排除多余的水汽和污浊气体，因此这一方法可作为其他方法的补充。

（4）根据通风换气参数计算通风换气量：近年来，一些国家为对各种畜禽的通风换气尤其是大型畜禽舍机械通风系统的设计制订了通风换气量技术参数，较为方便。兹引用各种家畜的通风换气量技术参数供参考（表4-4）。生产中，通常用夏季通风量做畜舍最大通风量，冬季通风量做畜舍最小通风量。故畜舍采用自然通风系统时，在北方寒冷地区应以最小通风量即冬季通风量为依据确定通风口面积；采用机械通风时，必须根据最大通风量即夏季通风量确定总的风机风量。

表4-4　畜舍通风参数表

畜舍	换气量（$m^3/h \cdot kg$）			换气量（$m^3/h \cdot$头）			气流速度（m/s）		
	冬季	过渡季	夏季	冬季	过渡季	夏季	冬季	过渡季	夏季
牛舍									
成年乳牛舍		0.17	0.35	0.70				0.3~0.4	0.5
拴系或散养	0.17	0.35	0.70				0.3~0.4	0.5	

续表

畜舍	换气量（m³/h·kg）			换气量（m³/h·头）			气流速度（m/s）		
	冬季	过渡季	夏季	冬季	过渡季	夏季	冬季	过渡季	夏季
散养、厚垫草	0.17	0.35	0.70				0.2	0.3	0.8 ~ 1.0
产间				20	40 ~ 50	100 ~ 120	0.1	0.2	0.3 ~ 0.5
0 ~ 20 日龄犊牛				20 ~ 25	40 ~ 50	100 ~ 120	0.2	0.3	
预防室				60	120	250	0.3	0.5	0.3 ~ 0.5
20 ~ 60 日龄	0.17	0.35	0.70				0.3	0.5	<1.0
60 ~ 120 日龄									1.0 ~ 1.2
4 ~ 12 月龄幼牛舍									0.8 ~ 1.0
1 岁以上青年牛舍									
猪舍									
空怀及妊娠前期母猪舍	0.35	0.45	0.60				0.3	0.3	<1.0
种公猪舍	0.45	0.60	0.70				0.2	0.2	<1.0
妊娠后期母猪舍	0.35	0.45	0.60				0.2	0.2	<1.0
哺乳母猪舍	0.35	0.45	0.60				0.15	0.15	<0.4
哺乳仔猪舍	0.35	0.45	0.60				0.15	0.15	<0.4
后备猪舍	0.45	0.55	0.65				0.3	0.3	<1.0
育肥猪舍	0.35	0.45	0.60				0.2	0.2	<0.6
断奶仔猪	0.35	0.45	0.60				0.2	0.2	<1.0
165 日龄前	0.35	0.45	0.60				0.2	0.2	<1.0
165 日龄后									

畜舍	换气量（m³/h·kg）			换气量（m³/h·头）			气流速度（m/s）		
	冬季	过渡季	夏季	冬季	过渡季	夏季	冬季	过渡季	夏季
羊舍									
公羊舍、母羊舍、断奶后及去势后的小羊舍				15	25	45	0.5	0.5	0.8
产间暖棚				15	30	50	0.2	0.3	0.5
公羊舍内的采精间				15	25	45	0.5	0.5	0.8
禽舍									
成年禽舍	0.70		4.0					0.3～0.6	
蛋鸡舍（笼养）	0.75		5.0					0.3～0.6	
肉鸡舍（地面平养）	0.60		4.0					0.3～0.6	
火鸡舍	0.70		5.0					0.5～0.8	
鸭舍	9.60		5.0					0.5～0.8	
鹅舍	0.8～1.0		5.0					0.2～0.5	
雏禽舍	0.75		5.0					0.2～0.5	
蛋用雏鸡（周龄）	0.75～1.0		5.5					0.2～0.5	
1～9	0.70		5.5					0.2～0.5	
10～22	0.70～1.0		5.0					0.2～0.5	
肉用雏鸡（周龄）	0.70～1.0		5.0					0.2～0.5	
1～9									
10～26									

续表

畜舍	换气量（m³/h·kg）			换气量（m³/h·头）			气流速度（m/s）		
	冬季	过渡季	夏季	冬季	过渡季	夏季	冬季	过渡季	夏季
肉用仔鸡（周龄）									
1~8（笼养）									
1~9（地面平养）									
雏火鸡、雏鸭									
雏鹅（周龄）	0.65~1.0		5.0				0.2~0.5		
1~9	0.60		5.0				0.2~0.5		
9 以上									

此外，还可根据换气次数来确定通风量。换气次数是指 1h 换入新鲜空气的体积为畜体容积的倍数。一般规定，畜舍冬季换气应保持 3~4 次，不超过 5 次。这种方法只能做粗略估计，不太准确。

2. 畜舍通风换气方式 畜舍通风有两种方式，一种是自然通风，另一种是机械通风。

（1）自然通风。畜禽舍的自然通风是指不需要机械设备，而借助于自然界的风压或热压，产生空气流动。风压指大气流动时，作用于建筑物表面的压力，迎风面形成正压，背风面形成负压，气流由正压区的开口进入，由负压区的开口排出；热压是指当舍内不同部位的空气因温热不匀时，受热变轻的热空气上浮，浮至顶棚或屋顶处形成高压区，而畜舍下部空气由于不断变热上升，空气稀薄，形成低压区，此时，如果畜舍上部有空隙，热空气就会由此逸出舍外，而冷空气由下部进入舍内。

① 自然通风分类。分为无管道自然通风系统和有管道自然通风系统两种形式，前者指不需专用的通风管道，经敞开的门窗所进

行的通风换气，适用于温暖地区或寒冷地区的温暖季节；后者靠专用的通风管道进行换气，适用于寒冷季节的封闭畜舍中。

②自然通风设计。根据空气平衡方程：L = 3 600FV，式中 F 为排风口面积（m^2），L 为通风换气量即由舍内要排出的污浊空气量（m^3/h）；V 为排气管中的风速（m/s），可用风速计直接测定或按下列公式计算：

$$V = 0.5 \sqrt{\frac{2gH(t_n - t_w)}{273 + t_w}}$$

式中，0.5——排气管阻力系数；

　　　　g——重力加速度（$9.8m/s^2$）；

　　　　H——进、排风口中心的垂直距离（m）；

　　　　t_n——舍内空气温度（℃）（舍内要求温度）；

　　　　t_w——舍外空气温度（℃）（冬季最冷月平均气温，可查当地气象资料）。

$$L = 7 968.94F \sqrt{\frac{H(t_n - t_w)}{273 + t_w}}$$

故将 g 值代入整理后可得热压通风量：

此式可用于计算设计方案或检验已建成畜舍的通风量能否满足要求，也可以根据所需通风量计算排风口面积。

理论上讲，排气口面积应与进气口面积相等。但事实上通风门窗缝隙或畜舍不严以及门窗启闭时，会有一部分空气进入舍内，所以，进气口面积应小于排气口面积，一般按排气口面积的 70%设计。

这样仅按热压来设计自然通风，计算方式仍然较烦琐。为简化手续，可根据平均每间畜舍所需通风量，按以下方法进行设计。

a. 确定所需通风量，即按畜舍所饲养家畜的种类、数量计算夏季、冬季所需通风量，再按畜舍间数求得每间畜舍夏季或冬季所需通风量（L）。

b. 检验采光窗夏季通风量能否满足要求，采光窗用作通风窗，其热压中性面位于窗高 1/2 处，窗口上部排风，下部进风，进、排风口面积各占窗口面积的 1/2。如果南、北窗面积和位置不同，应分别计算各自的通风量，求其和即得该间畜舍的总通风量。如果能满足夏季通风要求，即可着手进行冬季通风设计；如果不能满足夏季通风要求，则需增设地窗、天窗、通风屋脊、屋顶风管（如图 4-18 所示）等，加大夏季通风量。

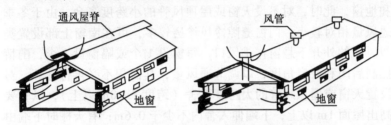

图 4-18　地窗、通风屋脊和屋顶风管

c. 地窗、天窗、通风屋脊及屋顶风管的设计，在靠近地面设置地窗作为进风口，可使畜舍热压中性面下移，从而增大排风口（采光窗）的面积，同时也增大了（H）值，有利于增加热压通风量（L）；此外，舍外有风时，还可形成靠近地面的"穿堂风"和"扫地风"，对夏季防暑降温更为有利。

地窗一般设置在南北墙采光窗下，按采光窗面积的 70% 设计。设地窗后再计算其通风量，检验能否满足夏季通风要求。为简化计算手续，排风口面积按采光窗面积计，H 值取采光窗中心至地窗中心的垂直距离，南北窗面积和位置不同时，分别计算通风量后求和。

如果设置地窗后仍不能满足夏季通风要求，则应在屋顶设置天窗、通风屋脊。天窗可通长或间断设置，通风屋脊一般为沿屋脊通长设置，宽度 0.3～0.5m。一般设地窗后即使不能满足夏季通风量，差值也一般不会太大，故设天窗和通风屋脊后也不必再进行检验。

在夏热冬冷地区，考虑冬季防寒和便于控制通风量，可设屋顶风管来加大夏季通风。而冬季用风管排风，则应将进风口设在墙的上部，以免冷风直接吹向畜体。

　　d. 机械辅助通风，当采取以上自然通风设计后，夏季通风仍不足时，可以设置吊扇或在屋顶风管中安装风机；亦可在舍内沿长轴每隔一定距离设 1 台大直径风机，进行"接力式"通风，风机间距根据其排风有效距离而定。

　　e. 冬季通风设计，考虑到冬季避风防寒，畜舍常关闭采光窗和地窗，此时，对不设天窗或屋顶风管的小跨度畜舍，由于冬季通风量相对较小，门窗缝隙冷风渗透较多，可在南窗上部设置类似风斗的外开下悬窗作排风口，每窗设 1 个或隔窗设 1 个，酌情控制启闭和开启角度，以调节通风量，其面积不必再行计算。对设置天窗或屋顶风管的大跨度畜舍（跨度 7～8m 以上），风管要高出屋面 1m 以上，下端伸入舍内不少于 0.6m；有天棚时下端由天棚开始，两个风管间距不小于 8m，不大于 12m，原则上以能设在舍内粪尿沟上方为好。管内调节阀设在屋脊下优于天棚处，可防止水汽在管壁凝结；为防倒风或雨雪，风管上口应设风帽；在严寒地区，为防止风管内凝水或结冰，风管外宜加保温层，管下口应设接水盘。风管面积可根据该幢畜舍冬季所需通风量（表4－5）确定。

表 4－5　畜舍冬季通风量每 1 000m^3/h 所需排风口面积（m^2）

舍内外温差（℃）	风管上口至舍内地面的高度(m)							舍内外温差（℃）	风管上口至舍内地面的高度(m)						
	4	5	6	7	8	9	10		4	5	6	7	8	9	10
6	0.43	0.38	0.35	0.32	0.30	0.28	0.27	24	0.21	0.18	0.17	0.16	0.15	0.14	0.13
8	0.36	0.33	0.30	0.28	0.26	0.24	0.23	26	0.20	0.18	0.16	0.15	0.14	0.13	0.12
10	0.33	0.29	0.26	0.25	0.23	0.22	0.21	28	0.19	0.17	0.15	0.14	0.13	0.13	0.12
12	0.30	0.26	0.24	0.22	0.21	0.20	0.19	30	0.18	0.16	0.15	0.14	0.13	0.12	0.11
14	0.28	0.26	0.22	0.21	0.19	0.18	0.17	32	0.17	0.16	0.14	0.13	0.12	0.12	0.11
16	0.25	0.23	0.21	0.19	0.18	0.17	0.16	34	0.17	0.15	0.14	0.13	0.12	0.11	0.11
18	0.24	0.21	0.20	0.18	0.17	0.16	0.15	36	0.16	0.15	0.13	0.12	0.12	0.11	0.10
20	0.23	0.21	0.19	0.17	0.16	0.15	0.14	38	0.16	0.14	0.13	0.12	0.11	0.11	0.10
22	0.22	0.19	0.18	0.16	0.15	0.14	0.14	40	0.14	0.14	0.13	0.12	0.11	0.10	0.10

进气口面积按风管面积的 70% 设计。如只在背风侧墙上部设进风口，屋顶风管宜靠对侧墙近些，以保证通风均匀。两纵墙都设进风口时，迎风墙上的进风口应有挡风装置，以免受风压影响，并须在进风口里侧装设导向控制板，以控制进风量和进风方向；进风口外侧应设防护网以防鸟兽钻入。进风口形状以扁形为宜；当进风口的总面积一定时，其数量宜多一些，以便于均匀布置。

（2）机械通风

① 机械通风分类。可分为正压通风、负压通风和混合式通风（如图 4-19）。正压通风一般用离心式风机（送风方向与叶轴垂直如图 4-21b）通过管道将空气压入舍内，造成舍内气压高于舍外，舍内空气则由排风口自然流出。正压通风可对空气进行加热、降温或净化处理，但不易消灭通风死角，设备投资也较大。负压通风一般用轴流式风机（送风方向与叶轴平行，如图 4-21a、c）将舍内空气排出舍外，造成舍内气压低于舍外，舍外空气由进风口自然流入。负压通风投资少，效率高，但要求畜舍封闭程度好，否则气流难以分布均匀，易造成贼风。联合通风则是进风和排风均使用风机，一般用于跨度很大的畜舍。

②机械通风的设计。机械通风设计的任务在于根据畜舍所需通风量选择和计算风机风量、风机数量，以保证通风量；同时要合理设计风口面积、形状和位置，以保证气流分布均匀和进风速度。机械通风（特别是正压通风）计算和设计较复杂，一般应由专业人员承担设计。负压通风设备较简单，我国采用较多，其设计方法如下：

a. 确定负压通风的形式（图 4-20），为保证通风均匀和便于布置风机及进风口，跨度为 8~12m 时，可一侧排风而由对侧进风；跨度大于 12m 时，宜采用两侧排风顶部进风或采用顶部排风两侧进风形式。该图为横向负压通风和与纵向负压通风的组合形式，夏季关闭横向进气口和风机，采用湿帘和纵向风机进行纵向通风，降低舍内空气温度。其他季节关闭湿帘和纵向风机，采用横向通风方式。

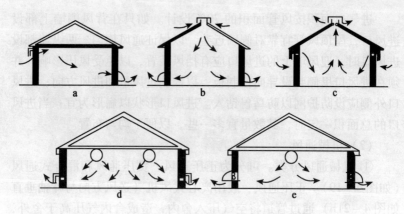

图4-19   机械通风的主要形式

a. 负压通风（一侧进风、对侧排风） b. 负压通风（两侧排风、屋顶进风）

c. 负压通风（屋顶排风、两侧进风） d. 正压通风 e. 混合式通风

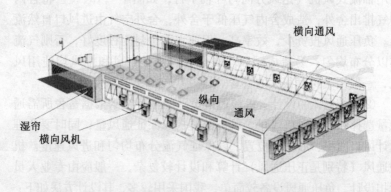

图4-20   横向负压通风和与纵向负压通风的组合形式

　　b. 确定畜舍所需通风量，机械通风时，风机的确定是以各种家畜通风换气参数的最大值，即夏季通风量为依据的。考虑兼顾其他季节通风要求，可分别求出冬季和过渡季节所需风机台数，将夏季所需风机台数分为三组分别控制，冬季开一组；过渡季开两组；夏季可全部开动。

　　各季节所需通风量根据通风换气量的计算来确定。

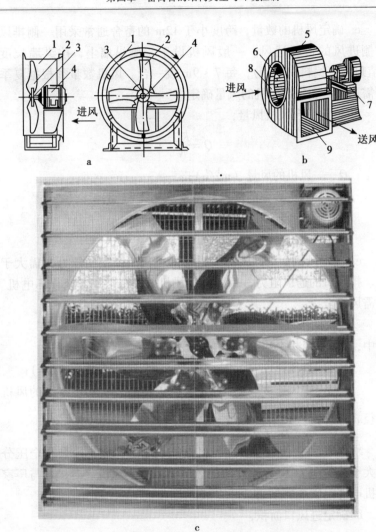

图 4 – 21 轴流式风机和离心式风机

a. 轴流式风机 b. 离心式风机 c. 大直径低转速轴流式风机

1. 外壳 2. 叶片 3. 转动轴 4. 电动机 5. 外壳

6. 工作轮 7. 机座 8. 进风口 9. 出风口

　　c. 确定风机的数量，跨度小于12m 的畜舍通常采用一侧排风对侧进风的负压通风。一般风机设于一侧纵墙上，按纵墙长度（值班室、饲料间不计），每 7～9m 设一台。风机数量须根据夏季所需通风量和每台风机的风量确定。

　　d. 确定每台风机风量，

$$Q = \frac{KL}{N}$$

式中，Q——风机的风量（m^3/h）；

　　　　K——风机效率的通风系数（取 1.2～1.5）；

　　　　L——畜舍夏季所需通风量（m^3/h）；

　　　　N——风机台数（台）。

　　e. 确定风机全压，风机全压（即风机所产生的压力）需大于进、排风口的通风阻力，否则将使风机效率降低，甚至损坏电机。所需风机全压：

$$P = 0.65V_1^2 + 0.06V_2^2$$

式中，P——风机全压（mmHg）；

　　　　V_1——进风速度（m/s）（夏季 3～5m/s；冬季 1.5m/s）；

　　　　V_2——排风速度（m/s）（按风机性能表中初步选择的风机

直径 d 计算：$V_2 = \dfrac{4Q}{3\,600\pi d^2}$）。

　　求得 Q 和 P 值后，可在风机性能表中选择风机风量和全压分别大于或等于 Q 和 P 计算值的风机型号。无风机表时，可与厂家或机电部门联系。

　　f. 确定进风口面积，

$$A = \frac{KL}{3\,600V_1}$$

　　式中，A 为进风口面积（m^2）；K、L 和 V_1 同前。

　　g. 确定进风口的数量和每个进风口的大小，本着通风均匀的原则，两侧进风时，应在两纵墙上每间或隔间对应设 1 个或数个。

进风口数量确定之后，可由所需进风口的总面积确定每个进风口的面积。进风口大小一般先确定其高度，可选 0.12m、0.24m、0.3m，以便于砖墙施工；根据其面积和高度即可求出进风口的宽度。进风口的高宽比一般以 1∶5～1∶8 为宜，如果初步确定的高宽比例相差太大，可调整高度或数量，重新计算。

h. 布置风机和进风口，一侧进风另一侧排风时，风机（排风口）宜设置于一侧墙下部，进风口均匀布置于对侧墙上部（考虑到夏季防热，可在其下部设地窗，冬季关闭，夏季打开）。风机口应设铁皮弯管，进风口应设遮光罩以挡光避风（如图 4 - 22）。相邻两幢畜舍的风机或进风口，应相对设置，以免前幢畜舍排出的污浊空气被后幢畜舍的进风口吸入。

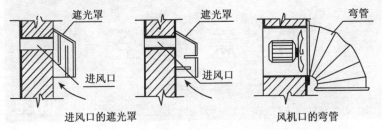

图 4 - 22　进风口遮光罩和风机口弯管

采用上排下进时，两侧墙上的进风口位置不宜过低，并应装导向板，防止冬季冷风直接吹向畜体。

高床式鸡舍不宜采用上排下进形式，应将风机设于贮粪室一侧或两侧墙上，进风口相应设在对侧墙上或屋顶上。

为保证停电或通风故障时畜舍的采光和通风换气，无窗式机械通风畜舍应按舍内地面面积的 2.5% 设应急窗（不透光的保温窗），在两纵墙上均匀布置，平时关闭，必要时开启采光通风。

i. 风机控制器，畜禽舍内的空气要随季节不同，空气环境不同，适当开启风机，保证合理的通风换气，还要注意节能，降低生产成本。为此，采用畜禽舍风机控制器（见图 4 - 23）进行自动控制，既可实现温度控制又可进行定时控制（专利号 ZL200620089775.1）。大规模养殖场采用综合环境控制器，对温度、湿度、光照等进行综合控制。

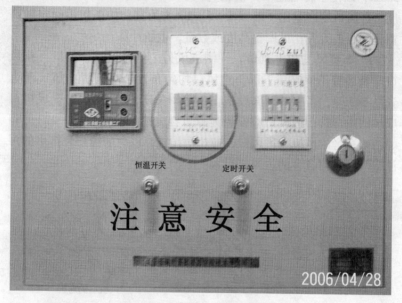

恒温开关　　　　　定时开关

注 意 安 全

2006/04/28

图 4－23　畜禽舍风机控制器

（四）畜禽舍采光控制

为使舍内得到适当的光照，畜禽舍必须进行采光控制。

自然采光的控制　自然采光取决于通过畜禽舍开露部分或窗户透入的太阳直射光和散射光的量，而进入畜禽舍内的光量与窗户面积、入射角、透光角等因素有关。采光设计的任务就是通过合理设计采光窗的位置、形状和面积，保证畜禽舍的自然光照要求，并尽量使照度分布均匀。

（1）窗户面积：窗户面积愈大，进入舍内的光线就愈多。窗户面积的大小，常用采光系数来表示。所谓采光系数就是指窗户的有效面积（即窗玻璃的总面积，不包括窗框）同舍内地面面积之比（以窗户的有效采光面积为1表示），用1：X表示，X为整数。各种畜禽舍的采光系数见表4-6所示。

表4-6　各种畜禽舍采光系数

畜禽舍类型		采光系数	畜禽舍类型		采光系数
牛舍	乳牛舍	1：12	猪舍	种猪舍	1：12~1：10
	肉牛舍	1：1		肥育猪舍	1：15~1：12
	犊牛舍	1：14~1：10	羊舍	成年羊舍	1：25~1：15
马舍	种公马舍	1：12~1：10		羔羊舍	1：20~1：15
	役马舍	1：15	禽舍	成禽舍	1：12~1：10
	母马及幼驹舍	1：10		雏禽舍	1：9~1：7

缩小窗间壁的宽度（即缩小窗户与窗户之间的距离），不仅可以增大窗户的面积，而且可以使舍内的光照比较均匀。将窗户两侧的墙棱修成斜角，使窗洞呈喇叭形，能显著扩大采光面积。

（2）窗户入射角：即窗户上缘外侧（或屋檐）一点到畜舍地面纵中线所引直线与地面之间的夹角（图4-24）。入射角愈大，愈有利于采光。为了保证舍内得到适宜的光照，入射角一般不应小于25°。

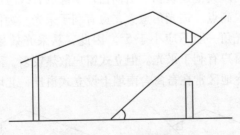

图4-24　入射角示意图

从防暑和防寒方面考虑，我国大多数地区夏季都不应有直射阳光进入舍内，冬季则希望能照射到畜床上。这个要求，可以通过合理的畜舍设计来达到，即当窗户上缘外侧（或屋檐）与窗台内侧所引直线同地面之间的夹角小于当地夏至日的太阳高度角时，就可以防止夏至前后太阳直射光进入舍内；当畜床后缘与窗户上缘（或屋檐）所引直线同地面之间的夹角大于当地冬至日的太阳高度角时，就可使冬至前后太阳光直射在畜床上（图4-25）。

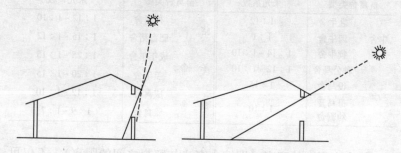

图4-25 根据太阳高度角设计窗户上缘的高度

太阳高度角公式：$h_0 = 90° - \phi + 6$

式中 h_0 为太阳高度角，ϕ 为当地纬度，6 为太阳赤纬。赤纬在夏至时为 23°27′，冬至时为 -23°27′。

（3）窗户透光角：又叫开角，即窗户上缘（或屋檐）外侧和下缘内侧一点向畜舍地面纵中线所引直线形成的夹角（图4-26）。如果窗外有树或其他建筑物，引向窗户下缘的直线应改为引向大树或建筑物的最高点。透光角愈大，愈有利于采光。为保证舍内适宜的照度，透光角一般不应小于5°。因此，从采光效果来看，立式窗户比卧式窗户有利于采光。但立式窗户散热较多，不利于冬季保温，所以寒冷地区常在畜禽舍南墙上设立式窗户，北墙上设卧式窗

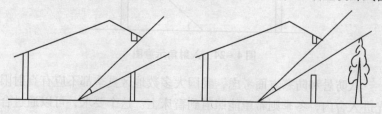

图4-26 透光角示意图

户。为了增大透光角，除提高屋檐和窗户上缘高度外，可适当降低窗台高度，并将窗台修成向内倾斜状。当然，如果窗台过低，又会使阳光直射在家畜头部，对家畜健康不利，特别是马属动物。所以，马舍窗台高度以 1.6~2.0m 为宜，其他畜禽舍窗台高度可为 1.2m 左右。

由此可以看出，在畜禽舍建筑设计中，采光系数是确定窗户面积大小及数量的卫生学依据；窗户入射角和透光角是确定窗户上、下缘高度的卫生学依据。

（五）人工照明

即利用人工光源发出的可见光进行照明，多用于家禽，其他家畜使用较少。要求照射时间和强度足够，且畜禽舍内各处照度均匀。

人工照明灯具安装可按下列步骤进行。

1. 选择光源 家畜一般可以看见波长为 400~700nm 的光线，所以用白炽灯和荧光灯皆可。荧光灯耗电量比白炽灯少（表4-9）光线比较柔和，而且在一定温度下（21.0~26.7℃）光照效率较高，不刺激眼睛，但设备投资较高，而且温度太低时不易启亮。因而畜禽舍一般使用白炽灯作光源。鸡舍内安装白炽灯时以 40~60W 为宜，不可过大，否则造成能源浪费。

2. 计算光源总瓦数 根据畜禽舍光照标准和 1m² 地面设 1W 光源提供的照度，计算畜禽舍所需光源总瓦数。表4-7、表4-8、表4-9数据可供参考。

表4-7 各种畜禽舍人工照明标准

畜 舍	光照时间（h）	照度（lx）	
		荧光灯	白炽灯
牛舍	16~18		
乳牛舍、公牛舍			
饲喂处		75	30

畜　舍	光照时间（h）	照度（lx）	
		荧光灯	白炽灯
休息处或单栏内		50	20
产房			
卫生工作间		75	30
产间		150	
犊牛预防间			100
犊牛间		100	50
犊牛舍		100	50
带犊母牛或保姆牛的单栏		75	30
青年牛舍（单间或群饲栏）	14～18	50	20
肥育牛舍（单间或群饲栏）	6～8	50	20
饲喂场或运动场		5	5
挤奶厅、乳品间、洗涤间、化验室		1 500	100
猪舍			
公猪舍、母猪舍、仔猪舍、青年猪舍	14～18	75	30
肥猪舍			
瘦肉型猪舍	8～12	50	20
脂用型猪舍	5～6	50	20
羊舍			
公羊舍、母羊舍、断奶羔羊舍	8～10	75	30
育肥舍		50	20
产房及暖圈	16～18	100	50
剪毛站、公羊舍内调教场		200	150
马舍			
种马舍、幼驹舍		75	30
役用马舍		50	20
鸡舍			
育雏舍：0～3日龄	23	50	20～25
4日龄～19周龄	23渐减至8～9		5
成鸡舍	14～17		10
肉用仔鸡舍	23或3明1暗		0～3日龄25，以后为5～10
兔舍及皮毛兽舍			
封闭式兔舍、各种皮毛兽笼棚	16～18	75	50
幼兽棚	16～18	10	10

表 4 – 8　每平方米舍内面积舍设 1W 光源可提供的照度

光源种类	白炽灯	荧光灯	卤钨灯	自镇流高压水银灯
每平方米舍内面积舍设 1W 光源可提供的照度(lx)	3.5 ~ 5.0	12.0 ~ 17.0	5.0 ~ 7.0	8.0 ~ 10.0

表 4 – 9　畜禽舍光照常用光源的特性

光源种类	功率（W）	光效（lx/W）	寿命（h）
白炽灯	15 ~ 100	6.5 ~ 20	750 ~ 1 000
荧光灯	6 ~ 125	40 ~ 85	5 000 ~ 8 000

光源总瓦数 = 畜禽舍总面积 × 畜禽舍适宜照度/1m² 地面设 1W 光源提供的照度。

3. 确定灯具数量　灯具理论数 = 光源总瓦数/所选单个灯具瓦数，灯具的行距一般按 3m 左右布置，或按工作的照明要求布置；各排灯具平行或交叉排列，若交叉排列，灯具数量并非理论值，根据需要布置方案后可算出灯具盏数。

4. 安装灯具

（1）灯的高度：灯的高度直接影响地面的光照度。灯越高，地面所接受的照度就越小，一般灯具的高度为 2.0 ~ 2.4m。若安装灯罩可适当降低灯的高度，因为灯罩可使光照强度增加 30% ~ 50%，建议有条件的畜禽舍最好安装灯罩。灯罩一般采用伞形或平形，避免使用上部开敞的圆锥形的灯罩，因其反光效果较差。

（2）灯的布置：灯泡与灯泡之间的距离，应为灯高的 1.5 倍。为使舍内照度均匀，应适当降低灯的瓦数，增加灯的盏数；舍内如装设两排以上灯泡，最好交错排列。靠墙的灯泡，同墙的距离应为灯泡间距的一半。灯泡不能用软线吊，以防夜间被风吹动使鸡受到惊吓。如为笼养，灯泡的布置应使灯光照射到料槽，特别注意最下层笼的光照强度，笼养舍灯泡一般设在两列笼间的过道上方。

为加强人工照明效果，建舍时最好将墙、顶棚等反光面涂成浅颜色；饲养管理过程中要经常擦拭灯泡，避免灰尘减弱光照。

5. 灯光控制器 现代集约化的生产中，灯光控制可节省大部分人力和物力。灯光控制是养鸡生产中的重要环节，因鸡舍结构、饲养方式不同其控制方法也不相同，灯光控制器的控制原理、适用范围也不相同。只有根据各场的具体情况合理选用适合本场的灯光控制器，才能在生产中充分发挥它的作用。既科学地补充光照，又减少人工控光的麻烦。现将市场上常见的各类灯光控制器的性能、特点进行分析对比，便于各养鸡场（户）合理选用。

（1）灯光控制器的类型：

①DF-24型可编程序定时控制器。该控制器利用交流同步电动机进行定时控制。最小控制时段为15min，形式为插头插座式，控制功率2.5kW。特点是价格便宜，时间显示不直观，定时时间不准确。可用于密闭式鸡舍控制灯光。

②KG-316型微电脑时控开关。该开关用电脑芯片进行定时控制，可编程每天能6开6关（或12开12关等），数字显示时间（时、分、秒），也可控制每周的哪一天或哪几天进行控制，最小控制时段为1min。可用于密闭式鸡舍控制灯光或作其他电器的定时控制，控制功率6kW（实际只可使用3kW以下）。

其特点是价格便宜，定时准确，还有手动控制功能，定时程序可存储。但内部的电池过1~2年得更换。

有些有窗封闭式鸡舍采用以上两种控制器，属于半自动控制。因只能进行定时控制，设定早晨几点开灯几点关灯，晚上几点开灯几点关灯。又因每天早晨天亮与天黑的时间都在变化，白天的阴晴变化，鸡舍的光照度发生了变化，而该种控制器却不能根据光照度的变化情况及时开灯补充光照。只能用手动开关控制，过一段时间后还要调整早晚的开灯关灯程序，使用起来较麻烦。但可控制白炽灯、日光灯和节能灯。

③全自动渐开渐灭型灯光控制器。该控制器用电脑芯片进行定时控制（同②的功能），又有光敏探头作光敏控制，用可控硅进行渐开渐灭输出控制。在定时时间范围内，由光敏进行控制，适合于半

开放式鸡舍和有窗封闭式鸡舍的灯光控制,控制功率4kW。但只能用白炽灯泡,不能用日光灯和节能灯。开灯时电压逐渐升高,关灯时电压逐渐降低,这一过程约持续20~30min。只要设定好早晨开灯时间和晚上关灯时间,调整好光敏钮,就可根据自然光照情况自动控制。但可控硅最怕发生短路,一旦在灯泡或灯头等处出现短路现象,可控硅即损坏(开路、击串或半波导通),使灯不能正常工作。

④全自动速开速灭型灯光控制器。该控制器也用电脑芯片进行定时控制(同②的功能),也有光敏探头作光敏控制,用继电器作输出控制(图4-27),控制功率2~4kW。在定时时间范围内,由

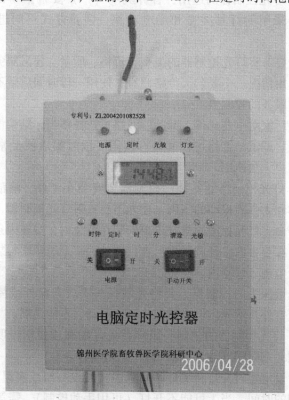

图4-27 电脑定时控制器

光敏进行控制，适合于半开放式鸡舍和有窗封闭式鸡舍灯光的全自动控制，可控制白炽灯、日光灯和节能灯。开灯时延时 10s 左右，以避免光敏的灵敏度过高使输出继电器抖动，使灯频闪。另外该控制器内部安装了充电电池，在电源断电的情况下仍保持程序不变，也减少了更换电池的麻烦。该电脑定时控制器已获得国家实用新型专利 ZL200420108252.8。

也有采用石英钟或其他方式作定时控制的灯光控制器，有的就是简单的定时控制，有的带有光敏控制。但其控制方式基本相同。

（2）灯光控制器的选用：各养鸡场（户）要根据鸡舍的结构与数量、采用的灯具类型和用电功率、饲养方式不同进行合理选用。

用户要考察灯光控制器的类型、价格、质量、售后服务及其他用户的使用情况。不要购买价格便宜、使用一段时间后就不能用或无处咨询服务的控制器。

有些厂家对电器元件、开关、线路板选择不当，结构设计不合理，安装、调试、维修均较麻烦。使用一段时间后就经常出现问题，使使用户无法使用。

（3）灯光控制器的安装：控制器要安装在干燥、清洁、无腐蚀性气体和无强烈振动的室内，阳光不要直射灯光控制器，以延长其使用寿命。灯光控制器最好不要安装在鸡舍内，实在因条件限制必须安装在鸡舍内，经调试好后在仪器外面套上透明塑料袋，以防潮气和粉尘进入仪器内。

有光敏探头的控制器，要将光敏探头安放在窗外或屋檐下固定，感受室外自然光。但光敏探头不能晃动、不能受潮。

（4）灯光控制器的使用：用户首先仔细阅读使用说明书，调整时钟到北京时间（注意分清 12h 和 24h 制）。

然后设定定时开灯和关灯时间程序（可设一组或多组），电脑芯片控制的时间，当天可能不开灯（可用手动控制），需第二天开始正常工作。

到傍晚天黑时轻轻调整光敏旋钮使光敏指示灯亮，如果光敏度不合适第二天再调整。也可调整光敏探头的位置或朝向使指示灯亮。

各养鸡场（户）要由专人来调试，以免多人调试把程序弄乱或光敏调试不当而影响鸡舍的正常光照。

在雷雨天最好将电闸拉下，以免发生雷击现象，使灯光控制器被击坏。

（5）灯光控制器的维护：控制器使用一段时间（2～3月）后，要检查电源线的接线情况、时钟显示的时间、定时的程序、光敏的灵敏度、电池的好坏、手动开关的好坏等情况，有的需调整，有的需更换，光敏探头的灰尘一定要擦掉。

特别是有些用户鸡群淘汰后，把电闸拉下，过一段时间后再使用时，控制器往往不能用。原因是控制器的（充电）电池的电放

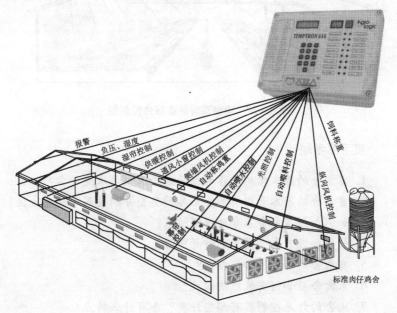

图4－28 肉仔鸡舍环境综合控制器

完，电池失效，只有更换电池，经调整后才能继续使用。

另外，实际使用中鸡舍灯的总功率最好小于控制器所标定功率的70%，用铜塑线接线，这样才能有效延长其使用寿命。

目前，许多畜牧机械企业研制开发了畜禽舍环境综合控制器，如图4－28和图4－29。

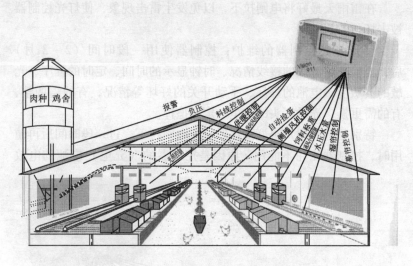

图4－29 肉种鸡舍环境综合控制器

复习思考题

1. 畜禽舍的基本结构及各部位的建筑卫生要求是什么？

2. 畜禽舍的基本类型有哪些？各种类型分别适用于哪些地区？

3. 如何加强畜禽舍冬季的保温防寒？

4. 如何加强畜禽舍夏季的防暑降温？

5. 畜禽舍的湿度应如何控制？

6. 家禽舍应如何安装照明设施？

7. 鸡舍的灯光控制器有哪些种类？各有什么特点？

8. 畜禽舍应如何设计机械通风？风机应怎样控制？

畜牧工程学实验实习指导

实验实习一　锤片式粉碎机的观察与使用

目的要求

通过观察了解锤片式粉碎机的构造并初步掌握其使用方法。

实验仪器设备

锤片式粉碎机、扳子、螺丝刀、钳型电流表等。

内容与方法步骤

一、观察锤片式粉碎机的外部构造和进料斗、插板、磁铁等。

二、打开上机体、观察锤片式粉碎机的内部构造。

三、观察主轴、锤架板、锤片、销轴和轴承的构造并讲解锤片的排列、换面、掉头的方法与注意事项。

四、观察筛片的形状、筛孔的直径并讲解其安装方法与注意事项。

五、通电试运转并讲解其使用方法，同时根据测量的电动机电流值调整进料插板。

能力培养目标

了解锤片式粉碎机的构造并初步掌握锤片式粉碎机的使用方法能根据饲料加工工艺的需要合理选择不同类型的锤片式粉碎机。

实验报告

根据观察到的内容总结锤片式粉碎机的类型、特点、用途，并写出其基本构造和使用方法。

实验实习二　饲料加工机组的观察与使用

目的要求

通过观察了解不同类型饲料加工机组的工艺流程和设备的组成及特点并初步掌握其使用方法。

实验仪器设备

饲料加工机组一套、工具等。

内容与方法步骤

一、通过整体观察，了解饲料加工机组的设备组成，并根据生产饲料的种类介绍其加工工艺流程。

二、观察锤片式粉碎机的构造并了解其特点和使用方法。

三、观察混合机的构造并了解其特点和使用方法。

四、观察进料口、清理设备、出料口的位置并了解其工作过程。

五、观察输送设备的类型、作用和工作方式。

能力培养目标

了解不同类型饲料加工机组的构造、特点和工艺流程并初步掌握其使用方法，能根据饲料加工工艺的需要合理选择不同类型的饲料加工机组。

实验报告

根据观察到的内容总结不同类型的饲料加工机组的类型、特点、用途，并写出其工艺流程、设备的组成和使用方法。

实验实习三 孵化机的观察与使用

目的要求

通过到孵化生产现场，了解孵化机的构造、性能特点、容蛋量和使用方法。

实验仪器设备

箱体式孵化机、出雏机、照蛋器、电工工具等。

内容与方法步骤

一、观察孵化机的构造、熟悉各部件的名称和功用。掌握孵化机的性能特点和使用范围。

二、观察蛋盘、蛋架车的结构、性能特点和使用要求。

三、观察大风机和风门控制系统的构造，掌握其控制方法。

四、观察翻蛋机构的构造，了解其传动系统的组成并掌握其控制方法。

五、观察电脑控制系统（温度、湿度、风门、翻蛋、报警系统）的组成并掌握其使用方法。

六、观察出雏机的构造、掌握出雏机的性能特点和使用要求。

能力培养目标

了解孵化机和出雏机的构造，掌握孵化机和出雏机的性能特点及使用方法。

实验报告

根据观察孵化机和出雏机的实际情况写出实验报告。

实验实习四 饮水器的观察与使用

目的要求

认识并掌握各类饮水器的构造、工作原理和使用范围。

实验仪器设备

槽式饮水器、真空式饮水器、吊塔式饮水器、鸭嘴式饮水器、乳头式饮水器、杯式饮水器。

内容与方法步骤

一、观察并讲解槽式饮水器的构造、工作原理、特点及用途。

二、观察并讲解真空式饮水器的构造、工作原理、特点及用途。

三、观察并讲解吊塔式饮水器的构造、工作原理、特点及用途。

四、观察并讲解鸭嘴式饮水器的构造、工作原理、特点及用途。

五、观察并讲解乳头式饮水器的构造、工作原理、特点及用途。

六、观察并讲解杯式饮水器的构造、工作原理、特点及用途。

能力培养目标

掌握各类饮水器的特点及使用要求，能做到正确的选用和安装。

实验报告

根据观察的各种饮水器的实际情况写出实验报告并根据其用途进行分析总结。

实验实习五　畜禽饲养管理机械
　　　　　设备的观察与使用

目的要求

熟悉各类畜禽饲养管理机械设备的组成、工作过程和使用方法。

实验仪器设备

链片式喂料机、螺旋弹簧式喂料机、喂料车、刮板式清粪机、轴流风机与湿帘控制系统。

内容与方法步骤

一、观察喂料机的组成，熟悉各部件的名称和功用。掌握喂料机的性能特点和使用范围。

二、观察清粪机的构造，掌握清粪机的性能特点和使用范围。

三、观察轴流风机与湿帘控制系统的构造，掌握其控制方法。

能力培养目标

掌握喂料机、清粪机和轴流风机与湿帘控制系统的性能特点及使用范围。

实验报告

根据观察到的喂料机、清粪机和轴流风机与湿帘控制系统的实际情况写出实验报告。

实验实习六　畜牧场建筑工程
环境调查

目的要求

以畜牧场为实习现场，对畜牧场畜禽舍建筑基本结构及尺寸、舍内小气候状况及小气候控制等进行现场观察、测量和访问，运用课堂学过的理论知识进行综合分析，做出工程环境调查报告。

实验仪器设备

米尺、皮尺、普通温度计、普通湿度计、三杯风速仪、照度计等。

调查内容与方法步骤

一、畜禽舍建筑：畜禽舍类型、各部位（如地基与基础、墙、屋顶与天棚、门、窗等）的式样与尺寸，看其是否符合建筑卫生要求。

二、舍内小气候状况：利用气象仪器测定畜禽舍内的温度、湿度、气流和照度，计算畜禽舍的采光系数、窗户的入射角、透光角，看其是否符合规定卫生要求。

三、舍内小气候控制状况：畜禽舍的防寒保暖、防暑降温设施；排水系统及防潮措施；通风换气方式、设备；人工照明灯具度数、灯距等。看其舍内小气候环境控制是否合理。

四、实验安排

将学生每 4~6 人分成一组，分工明确，按上述内容进行观察、测量和访问，并参考下表进行记录，最后综合分析，从调查内容着手，分别指出其优、缺点，并提出今后改进的意见，作出建筑工程环境评价结论，力求文字简明扼要。

实验报告

根据调查到的内容总结出实验报告并进行分析总结。

畜牧场建筑工程环境调查表

畜牧场名称＿＿＿＿＿畜禽种类与头数＿＿＿＿＿

位　　　置＿＿＿＿＿全场面积＿＿＿＿＿

畜舍区位置＿＿＿＿＿畜舍栋数＿＿＿＿＿

畜舍类型＿＿＿＿＿畜舍朝向＿＿＿＿＿

地基类型＿＿＿＿＿地基深度＿＿＿＿＿

基础宽度＿＿＿＿＿基础深度＿＿＿＿＿

屋顶：形式＿＿＿＿＿材料＿＿＿＿＿高度＿＿＿＿＿

天棚：形式＿＿＿＿＿厚度＿＿＿＿＿高度＿＿＿＿＿

外墙：材料＿＿＿＿＿厚度＿＿＿＿＿

　窗：南窗＿＿＿＿＿数量＿＿＿＿＿每个窗尺寸＿＿＿＿＿

　　　北窗＿＿＿＿＿数量＿＿＿＿＿每个窗尺寸＿＿＿＿＿

　　　窗台高度＿＿＿＿＿采光系数＿＿＿＿＿

　　　入射角＿＿＿＿＿透光角＿＿＿＿＿

　大门：形式＿＿＿＿＿数量＿＿＿＿＿高＿＿＿＿＿宽＿＿＿＿＿

　通道：数量＿＿＿＿＿位置＿＿＿＿＿宽＿＿＿＿＿

　舍内小气候测定结果：温度＿＿＿＿＿湿度＿＿＿＿＿

　　　　　　　　　　　气流＿＿＿＿＿照度＿＿＿＿＿

　防寒保暖设施＿＿＿＿＿＿＿＿＿＿＿＿＿＿＿＿＿＿＿＿＿＿＿＿＿＿＿

　防暑降温设施＿＿＿＿＿＿＿＿＿＿＿＿＿＿＿＿＿＿＿＿＿＿＿＿＿＿＿

排水系统＿＿＿畜床：材料＿＿＿＿＿卫生条件＿＿＿＿＿＿＿＿＿＿＿＿＿

粪尿沟：形式＿＿＿＿＿宽＿＿＿＿＿深＿＿＿＿＿

　降口：形式＿＿＿＿＿位置＿＿＿＿＿个数＿＿＿＿＿

　地下排出管：位置＿＿＿＿＿深度＿＿＿＿＿

　　粪水池：位置＿＿＿＿＿深度＿＿＿＿＿

是否有漏缝地板＿＿＿＿漏缝地板＿＿＿＿＿形式＿＿＿离地高度＿＿＿＿＿

漏缝地板下粪沟＿＿＿＿＿宽度＿＿＿＿＿深度＿＿＿＿＿＿＿＿＿＿＿＿＿

其他防潮措施＿＿＿＿＿＿＿＿＿＿＿＿＿＿＿＿＿＿＿＿＿＿＿＿＿＿＿＿

续表

通风设备：进气管____个数_____面积（每个）_____

　　　　　　　出气管____个数_____面积（每个）_____

　　　　　　　其他通风设备____名称_____通风形式_____

照明设备____光源（功率）____个数_____灯距（米）_____灯高（米）____

列（排）间距_____是否为交叉排列_____

综合评价_____

　　　　_____

　　　　_____

改进建议_____

　　　　_____

　　　　　　　调查者_____

　　　　　　　调查日期_____

主要参考文献

1. 湖南湘西自治州农业学校．畜牧机械．北京：中国农业出版社，1994

2. 侥应昌．饲料加工工艺与设备．北京：中国农业出版社，1996

3. 东北农学院．畜牧机械化（第二版）．北京：中国农业出版社，1997

4. 毛新成．饲料加工工艺与设备．北京：中国财政经济出版社，1998

5. 张伟．实用禽蛋孵化新法．北京：中国农业科技出版社，2000

6. 陈艳．畜禽及饲料机械与设备．北京：中国农业出版社，2000

7. 杨山，李辉．现代养鸡．北京：中国农业出版社，2002

8. 庞声海，郝波．饲料加工设备与技术．北京：科学技术文献出版社，2002

9. 蒋恩臣．畜牧业机械化（第三版）．北京：中国农业出版社，2005

10. 李振中．家畜环境卫生学附牧场设计．北京：中国农业出版社，2005

11. 冯春霞．家畜环境卫生学．北京：中国农业出版社，2004

12. 李如治．家畜环境卫生学．北京：中国农业出版社，2004

13. 东北农学院．家畜环境卫生学．北京：中国农业出版社，1996